普通高等教育"十二五"规划建设教材

遗传学实验指导

郭　宁　主编

中国农业大学出版社
·北京·

内 容 简 介

本书共有 30 个实验,内容涉及动物、植物细胞分裂中染色体的行为与特征,人类染色体的特征与分析方法,物理因素、化学因素诱变的方法及结果鉴定,果蝇的采集、饲养及唾腺染色体的提取与特征观察,数量遗传性状的统计分析等。每个实验分别阐述基本原理、操作步骤、注意事项并列出作业与思考题。

图书在版编目(CIP)数据

遗传学实验指导/郭宁主编. —北京:中国农业大学出版社,2014.12
(2019.1 重印)
ISBN 978-7-5655-1102-8

Ⅰ.①遗…　Ⅱ.①郭…　Ⅲ.①遗传学-实验-高等学校-教学参考资料　Ⅳ.①Q3-33

中国版本图书馆 CIP 数据核字(2014)第 249940 号

书　　名	遗传学实验指导		
作　　者	郭　宁　主编		
策划编辑	魏秀云	责任编辑	冯雪梅
封面设计	郑　川	责任校对	王晓凤
出版发行	中国农业大学出版社		
社　　址	北京市海淀区圆明园西路 2 号	邮政编码	100193
电　　话	发行部 010-62818525,8625	读者服务部	010-62732336
	编辑部 010-62732617,2618	出 版 部	010-62733440
网　　址	http://www.cau.edu.cn/caup		
经　　销	新华书店	e-mail	cbsszs@cau.edu.cn
印　　刷	北京时代华都印刷有限公司		
版　　次	2015 年 1 月第 1 版　　2019 年 1 月第 2 次印刷		
规　　格	787×980　　16 开本　　9.5 印张　　230 千字		
定　　价	21.00 元		

图书如有质量问题本社发行部负责调换

编写人员

主　　编　郭　宁
副主编　江海洋　樊洪泓
参　　编　（以姓氏笔画为序）
　　　　　马　庆　王　尉　孙　旭
　　　　　李晓玉　赵　阳

前　言

　　遗传学(genetics)是生命科学中发展较迅速的前沿学科之一。遗传学的研究成果同人类健康、农业生产、环境保护乃至国防建设都密切相关。自1900年孟德尔定律被重新发现以来,遗传学取得了很大的发展,阐明了许多遗传学现象和规律。遗传学揭示的生物的遗传本性、遗传学研究的思路以及研究成果都对社会产生了巨大的影响。进入21世纪之后,科学家对线虫、果蝇、拟南芥等动植物的研究以及人类基因组计划的初步完成,更加突现出遗传学在生命科学中的核心与前沿学科的地位。同时,遗传学研究与其他学科研究的交叉渗透、相互促进,必将更加有力地推动科学和社会的发展,造福人类。

　　遗传学与生命科学其他分支学科一样,是一门实验性很强的学科。遗传学本身的迅速发展与设计周密的实验方法、不断更新的实验设备有着不可分割的联系,同时,遗传学实验技术又与其他相关学科密切联系。因此遗传学实验课程是遗传学教学的重要环节,是开展遗传学研究的重要基础。遗传学实验内容既包括经典遗传学实验技术的验证实验,又包括现代遗传学实验的新技术、新理论的综合性实验,课程体系由验证性、设计性和综合性等多层次实验构成,因而实验课既有理论的深度,又有实践和应用的广度。

　　通过实验教学,验证遗传学的基本规律,学习和掌握遗传学研究的基本操作技能,加深学生对遗传学的基本理论和概念的认识,提高学生的遗传实验水平和实验动手能力,激发学生对探索遗传学规律的浓厚兴趣,在实验过程中培养学生观察问题、分析问题和解决问题的能力及团队合作的意识,为将来从事遗传学研究或继续深造打好基础。

　　本书在保持第1版体系的基础上,修改或重写了部分内容,在传统的验证性实

1

遗传学实验指导

验的基础上,适当增加了一定比例的综合性、设计性实验。共有 30 个实验,内容涉及动物、植物细胞分裂中染色体的行为与特征,人类染色体的特征与分析方法,物理因素、化学因素诱变的方法及结果鉴定,果蝇的采集、饲养及唾腺染色体的提取与特征观察,数量遗传性状的统计分析等。每个实验分别阐述基本原理、操作步骤、注意事项并列出作业与思考题。从材料准备、实验观察到统计分析均由学生分组完成,培养学生认真实验、观察记录、分析数据及设计实验的能力,同时培养学生面对问题勤于思考的良好习惯。适用于高等院校及专科院校生物、农、林等相关专业的本科教学实验,也可供高等师范院校、综合性大学相关领域的科技工作者参考使用。

编写过程中参考引用了国内外相关遗传学实验教材和一些网络资源,在此向这些著作的作(译)者表示衷心的感谢。

遗传学实验技术发展很快,新的研究方法与技术不断涌现,加之编者知识水平有限,书中遗漏和错误之处在所难免,热情欢迎读者批评指正。

编 者

2014 年 8 月

实验室规则

1. 学生每次实验前,必须认真预习,包括理论课教材中和实验指导书中的相关内容,明确实验目的、原理和要求,充分了解实验内容与步骤。

2. 提前 10 min 进入实验室,按照指定位置就座,不得随意更换。实验课不得无故缺席和迟到,若有特殊原因不能参加实验,必须提前履行请假手续,并在一周内协商补做。连续两次缺席实验,本课程不计成绩,必须在下学期重新选修。

3. 实验前,应先仔细检查实验器材是否齐全,若有缺损,要及时报告指导老师,请求处理。应自觉爱护实验室的仪器、设备、用具,严禁故意和私自拆卸。在实验过程中,若有器材损毁或丢失,应及时登记并酌情赔偿。

4. 实验过程中,学生应严格按照实验操作步骤和仪器操作规范进行,独立操作,仔细观察,认真记录。遇到问题,应积极思考或请教指导教师。学生应按规定完成课堂实验观察内容及实验报告与作业。综合性、设计性实验,必须在合理设计试验方案的前提下,适时实施,按质按量地完成实验任务。

5. 实验室、工作台、各种仪器、用具、玻璃器皿等必须保持清洁整齐,工作台要严防酸、碱腐蚀。各种化学药品、试剂等必须贴上标签,分门别类放置,便于取用。

6. 正确使用显微镜及各种仪器,切勿使染料或试剂沾污镜头、镜台和所用仪器。如有沾污,须立即用镜头纸擦拭干净。

7. 取用药品时,所用各类量具必须分开,禁混用,用后须立即冲洗干净。称量固体药品时,必须在秤盘上铺垫清洁白纸或蜡光纸,调试平衡后再称,以防药品腐蚀秤具。称量纸要做到一称一换,以防药品混杂,导致所配试剂不纯。

8. 遵守化学实验的操作要求,注意药品配制和使用时的安全。

9. 严禁在实验室内大声喧哗、打闹,不得在实验室内随意走动,充分保持实验室安静,维护良好的课堂秩序。

10. 遵守公共道德,讲究环境卫生。严禁随地吐痰和乱扔纸屑、杂物。带到实

验室的书包、衣帽、雨伞等非实验用品应按指定位置有序摆放,保持实验室整洁。

11. 提倡节约,反对浪费。在保证实验正常进行的前提下,尽可能节约水、电、药品试剂、实验材料等。

12. 实验结束后,应将显微镜、永久制片及各种实验器具擦洗干净,整齐摆放,恢复实验前的面貌。废弃物按要求分类收集、处理。

13. 学生分组轮流值日,负责整个实验室的卫生清洁工作,关好门、窗、水、电等。经指导老师许可,方可离开实验室。

14. 加强安全意识,实验时若发生意外情况,应及时报告指导老师。

目 录

第一部分　遗传学基础实验

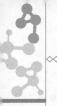

第二部分　遗传学综合性实验

第一部分
遗传学基础实验

实验 **1** 植物细胞有丝分裂的制片与观察

1.1 实验目的与原理

1. 目的

学习和掌握植物细胞有丝分裂的制片技术,并通过对植物细胞有丝分裂制片的观察,熟悉有丝分裂的全过程以及染色体在各个分裂时期的形态特征。

2. 原理

有丝分裂是生物细胞最基本的一种分裂方式,也是生物体增殖的重要方式,包括细胞核分裂和细胞质分裂。植物细胞有丝分裂主要在根尖、节间、茎的生长点、芽以及其他分生组织里进行。将生长旺盛的植物分生组织经取材、固定、解离、染色、压片,可以观察到细胞有丝分裂的全过程。若进行染色体形态和数目的观察,则取材之后需要对材料进行前处理,阻止细胞分裂过程中纺锤丝的形成,使细胞分裂停止在中期。此时,染色体不是排在赤道板上,而是分散在整个细胞核中,便于对染色体的形态、数目进行观察。

有丝分裂是一个连续的过程,为研究方便起见,人们依据不同时期细胞核及其内部染色体的变化特征,划分为前期(prophase)、中期(metaphase)、后期(anaphase)、末期(telophase)。在细胞两次分裂之前还有一个间期(interphase)(图1-1)。现简要说明镜检下各个时期细胞核及染色体的变化特征。

间期:为两次分裂之间的时期,这个时期的主要特征是细胞质均匀一致,细胞核在染料的作用下核质呈均匀致密状态,有明显的核仁,染色体细长呈丝状散布于核内,普通制片在低倍镜下不可见,良好制片在高倍油镜下可以观察到一些染色较深的细小颗粒,一般认为是染色线上染色质螺旋卷曲而成的染色粒。核与质之间有核膜分开,但核膜和核质在普通生物显微镜下不能明显区分。

前期:前期又可分为三个时期:

①早前期:染色质开始螺旋卷曲形成非常细的丝状,分布于核内,核仁清楚。

②中前期:染色体继续收缩加粗,由于染色体周围基质不断增加,染色加深,染色体呈连续的线状。此时染色体仍扭曲很长,并互相缠绕,故整个核内的染色体犹似一团搅乱的粗麻线,这时尚有核膜、核仁,但在普通生物显微镜下核膜一般不易见到,核仁隐约可见。

③晚前期:染色体进一步螺旋变粗变短,呈明显的双股性,即两条染色单体由一个着丝粒相连,可见端点,染色体渐趋中央赤道面处集结,但彼此仍然缠绕,核膜、核仁逐渐消失。

中期:染色体着丝粒均处于赤道面上,染色体的两臂自由伸展在细胞质内,纺锤丝与着丝粒相连形成纺锤体,着丝粒未分裂,纺锤丝在一般制片中看不到,良好的制片根据细胞质着色微粒的排列可隐约见到丝状分布。着丝粒位置非常清楚,一条双股性连续的染色体,突然在某个地方出现不着色的透明点,好像整个染色体分成两段。中期极面观染色体排列图像形似车轮辐条状,故此期通过特殊制片方法可观察染色体的个体性。

后期:染色体的着丝粒分裂,两个染色单体互相排斥分开,并由纺锤丝的曳引逐渐移向两极。

末期:以分开的两组染色体到达细胞的两极为末期的开始,然后染色体重新聚集起来平行排列,进行一系列与前期逆向的变化,染色体解螺旋化,核仁、核膜再现,形成两个新的子核。细胞质随着核的形成不均等分裂最终形成两个新的细胞。

1.2　实验用品

1. 材料

大蒜(*Allium sativum* L. $2n=16$)、蚕豆(*Vicia faba* L. $2n=12$)、玉米(*Zea mays* L. $2n=20$)、大麦(*Hordeum vulgare* L. $2n=14$)等植物种子。

2. 试剂

95%乙醇,冰醋酸,1% 醋酸洋红,石炭酸品红,$1\ mol\cdot L^{-1}\ HCl$ 等。

3. 器材

恒温培养箱,普通生物显微镜,水浴锅,载玻片,盖玻片,单面刀片,镊子,培养皿,量筒,吸水纸,计数器,实验报告纸,铅笔,橡皮等。

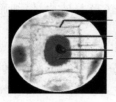

细胞壁
核膜清晰
核仁
染色质均匀
分布

1

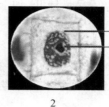

核膜正消失
核仁渐解体

2

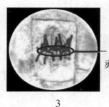

着丝粒
排列在
赤道板上

3

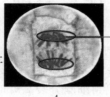

着丝点
一分为
二，移
向细胞
两极

4

核膜出现
赤道板的
位置出现
细胞板，
扩展成细胞壁
染色体解螺
旋，恢复成
染色质

5

图 1-1　植物细胞有丝分裂

1. 间期　2. 前期　3. 中期　4. 后期　5. 末期

1.3　实验内容与操作

1. 生根

将玉米、大麦或蚕豆种子先用温水浸泡 1 d 后,转入铺有多层吸水纸或纱布的培养皿中,上面覆盖双层湿纱布,置于 24～26℃恒温箱中培养,每天换水两次。大蒜可采用暗处水培法。

2. 取材与固定

待根长至 1～1.5 cm 时,将根尖剪下,于 0～4℃清水中处理 24 h,或经饱和对氯二苯 25℃下处理 3～4 h,水洗后再用 Carnoy 固定液(95％乙醇：冰醋酸＝3：1)固定 2～4 h。

3. 解离

将固定后的根尖置于 60℃ 1 mol·L^{-1} HCl 中恒温水浴 8～10 min。

4. 水洗

解离后的材料要用清水或蒸馏水中水洗 3～5 次。

5. 染色与压片

取出水洗后的根尖置于载玻片上,用解剖针切取生长点部分,加一滴醋酸洋红

染色,用解剖针捣碎后尽量铺开,加上盖玻片,用解剖针轻敲盖玻片,使细胞分散,经酒精灯火焰烤片,再压片。

6. 镜检

将制片先放在低倍镜视野下,寻找典型的各时期的分裂相细胞,然后转换于高倍镜下仔细观察染色体的形态并描绘下来。

1.4 注意事项

(1)取材必须要在细胞分裂高峰时进行。不同植物、不同环境条件,细胞分裂高峰的时间不同。一般在上午 9:00～11:00 是细胞分裂高峰期。若是对陌生材料取材,应每隔 2～3 h 取材一次,以便找到细胞分裂高峰时间。

(2)解离的时间要根据材料来确定。大蒜、洋葱等百合科的植物,纤维素和果胶质的含量相对较低,解离 4～5 min 即可。禾本科植物根尖的解离时间要相对加长。但解离时间也不能过长,否则材料太软,增加实验操作难度,且染色效果不佳。

1.5 作业与思考题

(1)绘出你所看到的细胞有丝分裂各个时期的典型图像,并简要说明各时期染色体的行为和变化。

(2)在高倍镜下观察统计 5 个视野内的分裂相细胞填入表 1-1,其中何种分裂相细胞最少?为什么?

表 1-1　有丝分裂细胞统计表　　　　　　　　　　　　　　个

视野	间期	前期	中期	后期	末期	合计
1						
2						
3						
4						
5						
合计						
占观察总数的百分数						

遗传学实验指导

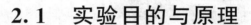

实验 2 植物花粉母细胞制片及减数分裂的观察

2.1 实验目的与原理

1. 目的

学习并掌握玉米花粉母细胞的制片技术,观察并熟悉细胞的减数分裂过程,了解植物性母细胞减数分裂各个时期的细胞学特征及染色体变化规律。

2. 原理

减数分裂是生物在形成性细胞过程中的一种特殊方式的细胞分裂,先由有性组织(花药或胚珠)中的某些细胞分化为二倍性的小孢子母细胞或大孢子母细胞,这些细胞连续进行两次细胞分裂,即减数第一分裂和减数第二分裂,结果一个小孢子母细胞形成 4 个小孢子,或一个大孢子母细胞形成一个大孢子,它们的染色体数目都只有体细胞的一半。

减数分裂在遗传上有重要意义。性母细胞($2n$)经过减数分裂形成染色体数目减半的配子(n)。经过受精作用,雌雄配子融合为合子,染色体数目恢复为 $2n$。这样在物种延续的过程中确保了染色体数目的恒定,从而使物种在遗传上具有相对的稳定性。另外,在减数分裂过程中包含同源染色体的配对、交换、分离和非同源染色体的自由组合,这些都是遗传学中分离、自由组合和连锁互换规律的细胞学基础。在这些基本规律的作用之下,导致了各种遗传重组的发生,而遗传重组又是生物变异的基础。

在适当时候采集植物的花蕾,制备染色体标本,即可在显微镜下观察到植物细胞的减数分裂。减数分裂过程如下(图 2-1):

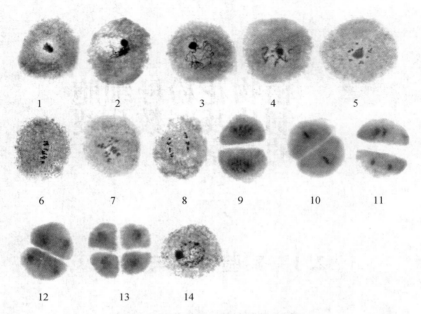

图 2-1　玉米花粉母细胞减数分裂图

1～5 前期Ⅰ:1. 细线期　2. 偶线期　3. 粗线期　4. 双线期　5. 终变期　6. 中期Ⅰ　7. 后期Ⅰ
8. 末期Ⅰ　9. 前期Ⅱ　10. 中期Ⅱ　11. 后期Ⅱ　12. 末期Ⅱ　13. 四分孢子　14. 小孢子

（1）间期:DNA 在间期进行复制。

（2）第一次减数分裂:

前期Ⅰ:这个时期经历最长,变化也较复杂,故根据染色体的变化又细分为五个时期。

细线期:第一次分裂开始,染色质浓缩为几条细而长的细线。每一染色体已复制为二个单体,但在显微镜下看不出染色体的双重性。

偶线期:同源染色体开始配对。

粗线期:同源染色体配对完毕,这种配对的染色体叫双价体,每个双价体含有四个染色单体,非姊妹染色单体的同源区段发生交换。

双线期:同源染色体有交叉现象,染色体螺旋化程度加深。

终变期:交叉向染色体端部移动,染色体变得更短粗。核膜消失。

中期Ⅰ:同源染色体的着丝粒排列在赤道板两侧。

后期Ⅰ:同源染色体随机分离,分向两极。

末期Ⅰ:染色体解旋成丝状,核膜形成,胞质分裂,成为两个子细胞。

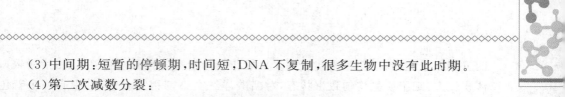

（3）中间期：短暂的停顿期，时间短，DNA 不复制，很多生物中没有此时期。

（4）第二次减数分裂：

前期Ⅱ：染色质浓缩卷曲成染色体状态，核仁、核膜消失。

中期Ⅱ：染色体排列在赤道板上，每个染色体含有一个着丝粒、两条染色单体。两条染色单体开始分离。此时细胞的染色体数为 n，每个染色体有两条染色单体。

后期Ⅱ：着丝粒一分为二，姊妹染色单体分离，向两极移动。

末期Ⅱ：染色体解螺旋变为染色质状态，核仁、核膜重新出现，细胞质分裂，各形成两个子细胞。

2.2　实验用品

1. 材料

固定的玉米（*Zea mays* L. $2n=20$）雄花序。

2. 试剂

Carnoy 固定液（95％乙醇∶冰乙酸＝3∶1），1％醋酸洋红，45％冰乙酸。

3. 器材

显微镜，解剖针，载玻片，盖玻片，酒精灯，滤纸。

2.3　实验方法与步骤

1. 固定材料

取处于大喇叭口期的玉米穗（田间玉米雄穗倒数第 4 片叶将抽出前后），摸到无穗苞时，上午 8：00～10：00，取雄穗上雄小穗长约 4 mm 的部分置于 Carnoy 固定液中 10～12 h，换入 70％乙醇中保存。

2. 取材制片

取经固定的雄小穗，用镊子和解剖针拨开内颖和外颖，取出花药（玉米的花有三个花药，而且三个花药是同步发育的）放在载玻片上，吸去多余残液，滴上一滴 1％醋酸洋红染液，用解剖针将花药切断，挤出花粉母细胞，夹去花药壁等杂质，盖上盖玻片，蒙上吸水纸，用大拇指压挤。

3. 镜检

先将制片置低倍镜下，首先区别正在分裂的各个时期的花粉母细胞、二分体、

四分体以及花粉粒、花粉囊残渣等。一般花粉母细胞为圆形或椭圆形(压片所致),体积较大,细胞质呈均匀致密状态,对醋酸洋红类染剂稍为着色,其中有一个着色鲜红的圆形细胞核。至于其他细胞或残余物,除形状不同外,体积要明显小于花粉母细胞(相差近10倍)。二分体细胞为肾形(或半圆形),大小约为花粉母细胞的一半,并且两个子细胞靠在一起不分开。四分体在单子叶植物中呈等双二面排列,犹似一个饼,互相垂直切了两刀一样。双子叶植物四分体则呈等四面体排列,为三个在下面一个在上面的立体构形。四分体的大小仅为花粉母细胞的1/4。未充实的花粉粒多呈不规则形状,发育完善的花粉粒一般为圆形,并有明显的发芽孔可见。找到正在分裂的花粉母细胞后,置于高倍镜下仔细观察,鉴别各分裂时期。

4. 烤片

为使细胞质透明,染色体充分染色,可将镜检后的较理想压片放在酒精灯火焰上来回轻烤几次。

5. 褪色与复染

经烤片后的压片,镜检如发现染色过深,可加入45%冰乙酸退色,使细胞质退色,而染色体更加清晰。方法是:将载玻片稍斜放,在盖玻片稍高一侧加滴45%冰乙酸少许,使其通过染色的材料,用吸水纸于另一侧吸去多余的残液后,再压片镜检;如发现褪色过甚,可滴加染色液复染,直到染色适度为止,即细胞质透明,染色体清晰。

2.4　注意事项

(1)取材时期是影响整个实验成败的关键。取材时透过颖片可看到花药,若花药为黄色,说明减数分裂已结束,取材已晚。

(2)压片时注意不要使盖玻片移动,烤片时注意不要使染液煮沸冒泡。

2.5　作业与思考题

(1)每人独立制作一张玉米粉母细胞减数分裂的临时制片。

(2)绘出你所看到的减数分裂各分裂时期的典型图像,至少包含终变期、中期Ⅰ、中期Ⅱ、后期Ⅰ、四分子期,并简单说明其特征。

(3)观察50个以上花粉母细胞,完成表2-1,并说明何种分裂相最多?

表 2-1　花粉母细胞减数分裂统计

分裂时期	观察细胞数/个	占总数的百分比/%
未分裂		
细线期		
偶线期		
粗线期		
双线期		
终变期		
中期Ⅰ		
后期Ⅰ		
末期Ⅰ		
前期Ⅱ		
中期Ⅱ		
后期Ⅱ		
末期Ⅱ		
观察细胞总数/个		

实验 3 植物染色体组型分析

3.1　实验目的与原理

1. 目的

学习植物染色体核型分析的方法和显微摄影技术。

2. 原理

染色体组型分析是细胞遗传学研究的基本方法,是研究物种演化、分类以及染色体结构、形态与功能之间的关系所不可缺少的重要手段。染色体组是指二倍体生物配子中所含的染色体总称,常以"X"表示。同一物种的同一染色体组内各染色体的形态、结构和连锁群是彼此不同的,但它们却相互协调,共同决定生物性状的发育。

研究染色体组型的方法,一是靠有丝分裂时染色体的形态特征,二是靠减数分裂时染色体的形态和特征。本实验着重介绍有丝分裂的染色体组型分析。

细胞有丝分裂中期是识别染色体个性特征的最佳时期,而染色体组型分析就是进行染色体特征的鉴别和描述,其形态的鉴别主要依据染色体的长度、着丝粒位置、次缢痕的有无和位置、随体的有无、形状和大小等资料进行分析。现分别介绍如下:

(1)染色体长度:同一染色体组内各染色体的长度是不一致的,其绝对长度可在显微镜上测量,或用放大照片测量后换算。由于染色体制片过程中使用的药剂及方法不同,而且供观察的细胞分裂不可能保证处于同一时期,故染色体的收缩存在差异,从而导致染色体的绝对长度在同一物种或个体的不同细胞间发生差异。针对这种情况,在分析中常用染色体的相对长度来表示。在染色体长度测量中,对染色体的两条臂要分别测量,随体长度一般不计入染色体长度内。

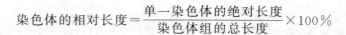

$$\text{染色体的相对长度} = \frac{\text{单一染色体的绝对长度}}{\text{染色体组的总长度}} \times 100\%$$

(2)着丝粒的位置:每条染色体都有一着丝粒,其在染色体上的位置是固定的,但因不同染色体而异。由于着丝粒把染色体分为相等或不等的两臂,各染色体的长臂和短臂的比值称为臂比(即臂率)。臂比为 1.0~1.7,称中部着丝粒染色体(M);臂比为 1.71~3.0,称近中部着丝粒染色体(SM);臂比为 3.01~7.0,称近端部着丝粒染色体(ST);臂比超过 7.0,称端部着丝粒染色体(T)。臂比值与染色体分类如表 3-1 所示。

表 3-1　臂比值与染色体分类

臂比	染色体类型	简写
1.0	正中部着丝点	M
1.0~1.7	中部着丝点区	M
1.7~3.0	近中部着丝点区	Sm
3.0~7.0	近端部着丝点区	St
7.0 以上	端部着丝点区	T
∞	端部着丝点	T

(3)次缢痕的有无和位置:有些染色体上除着丝粒外,还另有一个不着色或缢缩变细的区域称为次缢痕。

(4)随体的有无、形状和大小:有些染色体在短臂的末端有一棒状小体称为随体,随体和染色体臂之间常以次缢痕相隔,具有随体的染色体称 SAT 染色体。

3.2　实验用品

1. 材料

黑麦(*Secale cereale* L. $2n = 12$)、大蒜(*Allium sativum* L. $2n = 16$)、蚕豆(*Vicia faba* L. $2n = 12$)、玉米(*Zea mays* L. $2n = 20$)、大麦(*Hordeum vulgare* L. $2n = 14$)等植物种子。

2. 试剂

95%乙醇,冰醋酸,1% 醋酸洋红,石炭酸品红,1 mol·L^{-1} HCl。

3. 器材

显微摄影装置,暗室冲扩设备,圆规,毫米尺,剪刀,绘图纸,铅笔等。

3.3 实验内容与操作

1. 制片

方法基本同实验一。不同之处是必须要进行前处理,即在固定前将离体根尖用物理或化学方法处理,使染色体收缩正常,分散良好,缢痕清晰,中期细胞分裂图像增多,常用的方法有下列几种:

(1)低温法:将离体根尖置于 0～4℃左右的蒸馏水中 24～48 h。

(2)药剂法:将离体根尖置于 0.05%～0.1%秋水仙碱溶液或 $0.002～0.004$ mol·L^{-1} 8-羟基喹啉中,室温下保存 2～3 h。前处理后的材料经固定、解离、染色等过程制成临时片或永久片。

2. 观察制片

选择理想的中期分裂相细胞进行显微摄影,冲洗放大照片,求出照片放大倍数。

(1)测量:取两张放大照片,一张以整张粘贴于分析结果报告上,另一张则用于将各染色体剪下。依次测量染色体相对长度,长臂和短臂的长度和臂比(长臂/短臂),所获数据填入染色体组型分析表。

(2)配对:剪下每条染色体,根据随体有无及大小、臂比是否相等、染色体长度是否相等来配对。

(3)排列:染色体长的在前;带有随体的染色体排在最后(大随体在前、小随体在后)。

(4)剪贴:将上述已经排列的同源染色体按先后顺序粘贴在实验报告纸上。粘贴时,应使着丝点处于同一水平线上,并一律短臂在上、长臂在下,构成核型图。

(5)翻拍:剪贴排好的染色体组型图,可进行翻拍。

(6)用坐标纸绘出一张清晰的染色体组型模式图,贴在整张照片的下方或右方。

其中(2)～(6)均可由数码显微系统完成。

图 3-1 为蚕豆染色体组型分析图。

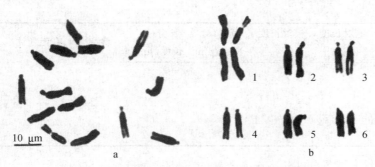

图 3-1　蚕豆($2n=12$)根尖细胞染色体组型分析图
a. 染色体照片　　b. 组型分析图

3.4　注意事项

(1)植物染色体组型分析方法分为两大类,一类是分析体细胞有丝分裂时期的染色体数目和形态;另一类是分析减数分裂时期的染色体数目和形态,均能得到染色体组型。

(2)实验材料应选用染色体数目较少、染色体相对较大的植物材料。

(3)测量前应进行染色体编号,以避免造成混乱。

3.5　作业与思考题

完成以下大麦或蚕豆染色体组型分析表(表 3-2),并剪贴一张染色体组型图,绘制染色体组型模式图。

表 3-2　大麦(或蚕豆)染色体组型分析

编号	绝对长度 /μm	相对长度 /%	短臂(s) 长度/μm	长臂(l) 长度/μm	臂率	有无随体	类型
Ⅰ							
Ⅱ							
Ⅲ							
Ⅳ							

续表3-2

编号	绝对长度 /μm	相对长度 /%	短臂(s) 长度/μm	长臂(l) 长度/μm	臂率	有无随体	类型
V							
Ⅵ							
…							
总长度							

实验 4 染色体显带技术和带型分析

4.1 实验目的与原理

1. 目的

学习植物染色体显带技术,掌握带型分析方法,进一步鉴别植物染色体组和染色体结构。

2. 原理

植物染色体显带技术是对植物有丝分裂中期染色体进行酶解、酸、碱、盐等处理,再经染色后,染色体可清楚地显示出很多条深浅、宽窄不同的染色带。由于各染色体上染色带的数目、部位、宽窄、深浅等特征相对稳定,从而为核型分析时更准确地鉴别染色体的每个成员及结构变异提供依据,也为细胞遗传学和染色体工程提供新的研究手段。

植物染色体显带技术包括荧光分带和 Giemsa(吉姆萨)分带两大类。在植物染色体显带上最常用的是 Giemsa 分带技术,通过改变 Giemsa 分带处理程序可产生不同的带型,如 C 带、G 带、N 带、Q 带、T 带等,其中 C 带和 G 带较为常用。

C 带(组成异染色质):主要显示着丝粒、端粒、核仁组成区域或染色体臂上某些部位的组成异染色质由于染色而产生的着丝粒带、端粒带、核仁组成区带和中间带等。这些带可以在一条染色体上同时出现,也可只出现其中的一条或几条带。一般认为 C 带的形成是由于染色体上高度重复序列的 DNA(异染色质)经酸碱变性和复性处理后易于复性,而低重复序列和单一序列 DNA(常染色质)不复性,因此经 Giemsa 染色后会呈现深浅不同的染色反应。这种差异反映了染色体结构的差异。

G 带(Giemsa 带):显示染色粒,G 带分布在染色体的全部长度上,以深浅相间

17

的形式出现。G 带能清楚地反映染色体纵向的分化，提供更多的鉴别标志，因而是染色体显带技术中最有价值的一种。

R 带(反带)：与 G 带相反的染色带。由于处理程序不同，染色体在同一部位的染色效果与 G 带相反。

N 带：专一地显示核仁组成区。

T 带：专一地显示端粒区。

4.2 实验用品

1. 材料

洋葱，蚕豆，大麦的根尖。

2. 试剂

冰醋酸，无水酒精，甲醇，盐酸，柠檬酸钠，氢氧化钡，氯化钠，磷酸二氢钠，磷酸二氢钾，磷酸氢二钠，甘油，Giemsa 粉剂，果胶酶，纤维素酶，Giemsa 液(配制方法见附录二)，5% Ba(OH)$_2$ 溶液[5 g Ba(OH)$_2$ 加入 100 mL 沸蒸馏水中溶解后过滤，冷却至 18～28 ℃]，2×SSC 溶液：0.3 mol·L^{-1} 氯化钠＋0.31 mol·L^{-1} 柠檬酸钠，11 mol·L^{-1} NaH$_2$PO$_4$ 溶液，1% 纤维素酶和果胶酶混合液，1/15 磷酸二氢钾和 1/15 磷酸氢二钠缓冲液。

3. 器材

多媒体系统(附显微演示)，显微摄影装置，半导体制冷器，冰箱，恒温水浴锅，电子天平，液态氮装置，容量瓶，试剂瓶，烧杯，染色缸，载玻片，盖玻片，剪刀，镊子，玻璃板，滤纸，标签，铅笔。

4.3 实验内容与操作

4.3.1 染色体分带

1. 材料准备

待洋葱鳞茎发根长 2 cm 左右，切取根尖进行预处理。蚕豆种子浸种发芽，待幼根长至 3 cm 左右，切取根尖进行预处理。蚕豆主根根尖切去后继续长出的次生根，可再切取次生根尖进行预处理。大麦种子发芽至幼根长 1 cm 左右，切取白色

的幼根进行预处理。

2. 预处理

洋葱和蚕豆根尖在 0.05％秋水仙碱溶液中预处理 2～3 h。处理温度一般为 25℃。预处理后须用清水冲洗多次，洗去药液。

3. 固定

以上各材料经预处理后，放入卡诺氏固定液中固定 0.5～24 h，转换到 70％乙醇，置于冰箱中保存备用。

4. 解离

洋葱、蚕豆根尖在 0.1 mol·L^{-1} HCl 溶液中置于 60℃ 恒温下处理 10～15 min。大麦根尖在 37℃下用 1％果胶酶处理 30 min，然后在 0.1 mol·L^{-1} HCl 溶液中置于 60℃下处理 5 min。

5. 压片

与常规的植物染色体压片方法相同。在 45％醋酸中压片，制成白片。在相差显微镜下检查染色体分散程度，挑选出分裂相多、染色体分散均匀的玻片。选出的玻片经液氮、CO_2 干冰或半导体制冷器冻结，用刀片揭开盖玻片。置室温下干燥。

6. 空气干燥

脱水后的染色体标本一般需经过 4～7 d 的空气干燥，再进行分带处理。不同的材料所需干燥的时间不一样。洋葱要求空气干燥的时间较严，未经空气干燥的染色体不显带，干燥 1 周后经显带处理显示末端带，干燥半个月后能同时显示末端带和着丝点带。而蚕豆、黑麦、大麦对干燥时间的要求不十分严格。

7. 显带处理

空气干燥后的染色体标本即可进行显带处理。处理方法不同，可显示不同的带型。

（1）C 带：

HSG 法：（HC-2×SSC-Giemsa 法），将空气干燥后的洋葱、蚕豆染色体标本浸入 0.2 mol·L^{-1} HCl（25℃左右）分别处理 30 min 和 60 min。用蒸馏水冲洗多次后，在 60℃的 2×SSC 溶液中保温 30 min，再用蒸馏水冲洗数次，室温风干，即可染色。

BSG 法：[Ba(OH)$_2$-2×SSC-Giesa 法]，将空气干燥后的黑麦、大麦的染色体标本浸入盛有新配制的 5％氢氧化钡饱和液的染色缸中，在室温条件下处理 5～10 min，然后用蒸馏水小心地多次冲洗浮垢后，在 60℃的 2×SSC 溶液中保温 60 min，再用蒸馏水冲洗数次，室温风干，即可染色。

（2）N 带：将黑麦、大麦种子发根 1 cm 左右切取，在 0℃冰水中预处理 24 h。

卡诺氏固定液中固定 0.5 h 以上，1％醋酸洋红染色液中染色 2 h，然后在 45％醋酸中压片，冰冻法揭开。然后在 45％醋酸 60℃条件下脱色 10 min，再在 95％乙醇室温下脱水 10 min，气干过夜。最后在 1 mol·L⁻¹NaH₂PO₄ 溶液中 95℃恒温下保温 2 min，蒸馏水冲洗，气干后即可染色。

8. Giemsa 染色

Giemsa 母液用 1/15 磷酸缓冲液按一定的比例稀释。例如，10 份磷酸缓冲液加 1 份 Giemsa 母液稀释即为 10：1，一般都采用扣染法染色。在一干净的玻璃板上，对称放置两根牙签或火柴棒，距离与载玻片上的材料范围相等。将带有材料的玻片翻转向下，放在牙签上，然后沿载玻片一边向载玻片与玻璃板之间的空隙内缓缓滴入染色液，在室温下染色。染色时间因材料而异，因 Giemsa 染料批号不同、质量上有差异，因此其染色液浓度和染色时间需作适当调整。部分材料的染色浓度和染色时间见表 4-1，可供参考。

表 4-1　部分材料的染色浓度和染色时间

材料	pH	Giemsa 液浓度	染色时间/min
蚕豆	7.2	10：1	30
洋葱	7.2	10：1	15
大麦	6.8	10：1	30
黑麦	6.8	20：1	30

9. 镜检和封片

染色后的玻片标本，用蒸馏水洗去多余染料，染色过深可用磷酸缓冲液脱色。室温下风干后即可镜检，挑选染色体带型清晰的片子，用树胶封片。

4.3.2　染色体带型分析

经过上述处理的植物染色体标本，可以显示出 C 带或 N 带的带型，一般有以下四种带型：

1. 着丝粒带（C 带）

带纹分布在着丝粒及其附近，大多数植物的染色体可显示 C 带。蚕豆、黑麦、大麦等的染色体着丝粒带比较清楚，洋葱染色体的着丝粒带较浅。

2. 中间带（I 带）

带纹分布在着丝粒至末端之间，表现比较复杂，不是所有染色体都具有中间带。

3. 末端带(T 带)

带纹分布在染色体末端。洋葱和黑麦染色体具有典型的末端带,而蚕豆、大麦的末端带不明显。

4. 核仁缢痕带(N 带)

带纹分布在核仁组织者中心区。蚕豆的大 M 染色体和黑麦的第Ⅶ染色体具有这种带型。

同时具有以上四种带型的叫完全带,以"CITN"表示,其他称为不完全带,有"CIN"和"CTN"型、"TN"型和"N"型。

根据植物各染色体上显示的不同带纹和带纹的宽窄,可按染色体组型分析的方法对同源染色体进行剪贴排列,绘出模式图,从而对各染色体的带型做出分析。

4.4　注意事项

材料用酸处理后,需用蒸馏水冲洗多次,除去残留酸液,否则将会影响染色体的显带效果。

4.5　作业与思考题

(1)将提供的植物染色体 C 带带型进行同源染色体排列剪贴。

(2)绘制带型模式图并做出带型特点分析描述。

实验 **5** 姊妹染色单体色差分析技术

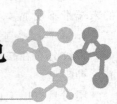

5.1　实验目的与原理

1. 目的

了解姊妹染色单体区分染色技术（SCD）的原理和制作姊妹染色单体互换（SCE）标本的方法，通过 SCE 标本的观察，掌握 SCE 的计数方法。

2. 原理

核苷的类似物 5-溴脱氧尿嘧啶核苷（5-Bromodeoxyuridine，BrdU）或 5-碘脱氧嘧啶核苷（5-Iodo-2′-deoxyuridine，IdU）在 DNA 复制过程中可以掺入新合成的 DNA 链，并占有胸腺嘧啶（Thymidine，T）的位置。哺乳类动物的细胞在含有适当浓度的 BrdU 的培养液中经历两个分裂周期的培养之后，其中期染色体的两个单体的 DNA 双链在化学组成上就有了差别：即一条染色单体的两股 DNA 的 T 位完全由 BrdU 代替，而另一条染色单体的两股 DNA 中的一股含 BrdU，另一股则不含 BrdU。这样的细胞经过制片和苯并咪唑荧光染料染色后，在荧光显微镜下可观察到两条明暗不同姊妹染色单体。两股 DNA 链都含有 BrdU 的单体发出荧光较强，其中只有一股含有 BrdU 的单体荧光较弱。但由于荧光染料发出的荧光消失较快，只能立刻照相而不能长期保存。1974 年，Korenberg 和 Freedlender 改进了这一技术，改用 Giemsa 染色获得姊妹染色单体区分染色（sister chromatid differential staining，SCD）。可以研究细胞周期、DNA 体半保留复制、染色体的分子结构与畸变以及 DNA 损伤与修复等一系列问题。

来自一个染色体的两条单体之间同源片段的互换称为姐妹染色单体互换（sister chromatid exchange，SCE）。这种互换是完全对称的。由于姐妹染色单体染色上的明显差异，如果姐妹染色单体间在某些部位发生互换，则在互换处可见有

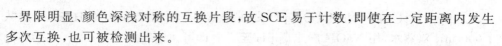

一界限明显、颜色深浅对称的互换片段,故 SCE 易于计数,即使在一定距离内发生多次互换,也可被检测出来。

目前认为 SCE 反映了 DNA 的损伤,可以使用 SCE 作为哺乳类动物突变形成的指标。由于 SCE 分析方法比观察染色体畸变更简便、迅速、敏感,并表现出很好的剂量效应关系,因此,目前已将此法列为检测诱变剂或致癌物的常规指标之一。

5.2　实验用品

1. 材料

人的外周血。

2. 试剂

(1)RPMI1640 培养液:称取"1640"粉末 10.5 g,用 1 000 mL 双蒸水溶解。每 1 000 mL 溶液中加 NaHCO$_3$ 1.0～1.2 g,校正 pH 至 7.0～7.2。立即以 5 号或 6 号 细菌漏斗过滤灭菌,分装待用。

(2)肝素:作为抗凝剂使用。称取该粉末 160 mg(每毫克含 126 U),用 40 mL 生理盐水溶解,即 500 U·mL^{-1},灭菌待用。

(3)植物凝血素(PHA):每毫升培养液加入 100～200 μg PHA 粉剂,1 000 mL 培养液中加入 100～200 mg。

(4)秋水仙素。

(5)青霉素、链霉素:青霉素(以每瓶 40 万单位为例)加 4 mL 生理盐水稀释 10 万 U/mL,吸 1 mL 到 100 mL 培养基中,终浓度为 100 U·mL^{-1}。链霉素(以每瓶 50 万单位为例)加 2 mL 生理盐水稀释成 25 万 U/mL,吸 0.4 mL 到 1 000 mL 培养基中,终浓度为 100 U·mL^{-1}。

(6)姬姆萨染液。

(7)小牛血清:最好经过透析处理。将小牛血清装入透析袋中,用线扎紧封口,小心检查,切勿有漏孔。然后将透析袋放在盛有双重蒸馏水的玻璃器皿中,每隔 1～2 h 换一次水,搁置在 4℃冰箱中,24 h 后赛氏滤器灭菌过滤。

(8)3.5% NaHCO$_3$ 溶液:称 3.5 g NaHCO$_3$,用 100 mL 双蒸水溶解,0.069 MPa 高压灭菌 15 min,调节 pH 用。

(9)BrdU 溶液:用无菌青霉素瓶,在普通条件下用分析天平称取 BrdU 2 mg,然后在无菌室内加入灭菌生理盐水 4 mL,母液的浓度为 0.5 mg/mL。用黑布避光,置冰箱中保存。最好现配现用。

（10）1 mol·L^{-1}NaH$_2$PO$_4$，pH 8.0 的溶液：称取 120 g NaH$_2$PO$_4$，加入 1 000 mL 双蒸水，用 NaOH 粉末调 pH 至 8.0 即可。

（11）2×SSC 溶液：0.3 mol/L 氯化钠，0.03 mol·L^{-1} 枸橼酸钠，称取 NaCl 17.54 g，枸橼酸钠 8.82 g，各用蒸馏水 1 000 mL 溶解，使用时两溶液等量混合。

（12）pH 6.8 磷酸缓冲液。

甲液：取 KH$_2$PO$_4$ 9.08 g，溶于 1 000 mL 蒸馏水中。

乙液：取 Na$_2$HPO$_2$·2H$_2$O 11.88 g 或 Na$_2$HPO$_4$·12H$_2$O 3.87 g，溶于 1 000 mL 蒸馏水中，将 50.8 mL 的甲液与 49.2 mL 液混合，即得 pH 6.8 磷酸缓冲液。

3. 器材

1 mL 和 2 mL 灭菌注射器，吸管，移液管，离心管，量筒，烧杯，无菌青霉素瓶，试剂瓶，培养瓶，酒精灯，载玻片，天平，紫外灯（15 W），离心机，恒温培养箱，显微镜。

5.3　实验内容与操作

（1）在无菌条件下，用 20 mL 的青霉素瓶分装 5 mL 培养液，其中 RPMI1640 占 80%；小牛血清占 15%～20%；PHA 0.2 mL；青霉素 100 U·mL^{-1}；链霉素 100 U·mL^{-1}。最后用 3.5% NaHCO$_3$ 调节 pH 至 7.2～7.4。

（2）每 5 mL 的培养液中加入 BrdU 0.1 mL，最终浓度为 10 μg/mL。

（3）每瓶培养液中加入 0.3 mL 静脉血，轻轻摇匀，用黑布避光，立即置 37℃ 温箱中培养。

（4）培养 72 h 左右，加入秋水仙素 0.4～0.8 μg·mL^{-1}，继续培养 4 h。

（5）按常规收集细胞，用蒸馏水低渗 20 min，用甲醇和冰醋酸按 3:1 配制的固定液固定两次，每次 15 min，用气干法制片，1 d 以后将染色体制片放入 70～80℃ 烤箱中烘烤 1～2 h，或放在 37℃ 温箱中存放备用。

（6）姊妹染色单体区分染色法有两种：

① 碱的热溶液处理：将染色体标本浸在 88℃ 的 1 mol·L^{-1}NaH$_2$PO$_4$（pH 为 8.0）的溶液中，处理 15～20 min，取出后立即用蒸馏水冲洗，常规 Giemsa 染色 5～10 min，再用蒸馏水冲洗，干燥，镜检。

② 紫外灯照射法：染色体标本在 37℃ 条件下搁置 24 h 后取出，放在 45～48℃ 的水浴锅上，覆盖一层 2×SSC 溶液，15 W 紫外灯照射 20～30 min，灯管与载玻片

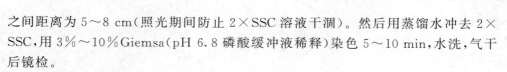

之间距离为 5~8 cm（照光期间防止 2×SSC 溶液干涸）。然后用蒸馏水冲去 2×SSC，用 3%~10%Giemsa（pH 6.8 磷酸缓冲液稀释）染色 5~10 min，水洗，气干后镜检。

(7)SCE 计数（表 5-1）。

表 5-1　SCE 计数

血样编号	观察细胞数	每个细胞的 SCE	平均 SCE

5.4　注意事项

(1)BrdU 溶液最好现配现用，必须有黑布避光，并放 4℃冰箱保存。

(2)BrdU 溶液在培养开始时加入，或在培养后的 24 h 加入均可。

(3)用紫外灯照射诱发姊妹染色单体互换时，如紫外灯功率大，瓦数高，照射的时间就相应地缩短。

5.5　作业与思考题

(1)SCE 的计数方法：凡染色单体端部出现的互换计为 1 个 SCE，在染色单体中间出现的互换计为 2 个 SCE；在着丝粒部位发生的互换在判明不是两条染色单体在着丝部位发生扭转计为 1 个 SCE。

(2)选细胞轮廓完整，染色体数为整二倍体的中期象进行 SCE 分析。每一样品，一般选择 30 个细胞进行分析，最后求得一个平均数。

实验 **6** 人类X染色质的观察

6.1 实验目的与原理

1. 目的

掌握观察与鉴别 X 染色质的简易方法,识别其形态特征及所在部位;认识雌性哺乳动物 X 染色体失活假说和剂量补偿效应的机制。

2. 原理

1949 年,加拿大学者 M. L. Barr 等在雌猫的神经元细胞核中首次发现一种染色较深的浓缩小体,而在雄猫则没有这种结构。进一步研究发现,除猫外,其他雌性哺乳动物(包括人类)也同样有这种显示性别差异的结构。而且不仅是神经元细胞,在其他细胞的间期核中也可以见到这一结构,称之为巴氏小体,也称为 X 小体或 X 染色质。

正常女性的间期细胞核中紧贴核膜内缘有一个染色较深,大小为 1~1.5 μm 的三角形或椭圆形小体,即 X 染色质。间期核内 X 染色质的数目总是等于细胞内 X 染色体的数目减 1。正常女性有两条 X 染色体,因此只有一个 X 小体;若有三条 X 染色体,就会有两个 X 染色质。依此类推。正常男性只有一条 X 染色体,所以没有 X 染色质。性染色体组成与 X 小体数目的关系见表 6-1。

表 6-1 性染色体组成与 X 小体数目的关系

性染色体组成	性别	X 小体的数目
XY	男	0
XO	女	0
XX	女	1

性染色体组成	性别	X 小体的数目
XXY	男	1
XXX	女	2
XXXX	女	3

为什么正常男女之间的 X 染色质存在差异？女性两个 X 染色体上的每个基因座的两个等位基因所形成的产物,为什么不比只有一个 X 染色体半合子男性的相应基因产物多？为什么某一 X 连锁的突变基因纯合子女性的病情并不比半合子的男性严重？1961 年,Mary Lyon 提出了 X 染色体失活的假说,即 Lyon 假说(莱昂假说)对这些问题进行了解释。其实验依据是对小鼠 X 连锁的毛色基因的遗传学观察。发现雌性小鼠毛色杂合体不表现显性性状,也不是中间类型,而是显性隐性两种颜色嵌合组成斑点状(不是共显性)。而雄性小鼠却从不表现斑点状毛色,而是显性或隐性单一颜色的毛色。

Lyon 假说的要点如下:

①雌性哺乳动物体细胞内仅有一条 X 染色体是有活性的。另一条 X 染色体在遗传上是失活的,在间期细胞核中螺旋化而呈异固缩为 X 染色质。

②X 染色体的失活是随机的。异固缩的 X 染色体可以来自父方或来自母方。但某一特定的细胞内的一个 X 染色体一旦失活,那么此细胞增殖的所有子代细胞也总是这一个 X 染色体失活,即原来是父源的 X 染色体失活,则其子女细胞中失活的 X 染色体也是父源的。因此,失活是随机的、恒定的。

③X 染色体失活发生在胚胎早期,大约在妊娠的第 16 天。在此以前的所有细胞中的 X 染色体都是有活性的。

剂量补偿:由于雌性细胞中的两个 X 染色体中的一个发生异固缩(也称为 Lyon 化现象),失去活性,这样保证了雌雄两性细胞中都只有一条 X 染色体保持转录活性,使两性 X 连锁基因产物的量保持在相同水平上。这种效应称为 X 染色体的剂量补偿。

需要指出的是,失活的 X 染色体上基因并非都失去了活性,有一部分基因仍保持一定活性,因此 X 染色体数目异常的个体在表型上有别于正常个体,出现多种异常的临床症状。如 47、XXY 的个体不同于 46、XY 的个体;47、XXX 的个体不同于 46、XX 的个体,而且 X 染色体越多时,表型的异常更严重。

利用 X 染色质的鉴别技术,可以对性染色体畸形、胎儿早期诊断等提供有益的参考。

6.2 实验用品

1. 材料

人体口腔上皮细胞或毛囊细胞。

2. 试剂

0.85％生理盐水,60％冰醋酸,45％冰醋酸,改良苯酚品红。

3. 器材

显微镜,载玻片,盖玻片,无菌牙签,吸水纸,酒精棉球。

6.3 实验内容与操作

1. 口腔颊部黏膜细胞巴氏小体观察

实验前用食用水漱口,然后用无菌牙签刮取颊部黏膜上皮细胞(第一次的刮取物弃去),将刮取物涂于载玻片上,60％冰醋酸固定 5 min,吸去冰醋酸,用改良苯酚品红染色 10 min,压片,镜检。

2. 发根细胞巴氏小体观察

拔取带发根的头发一段,长 2～3 cm,围绕发根部的一圈长 2～3 mm 的白色物体即是毛囊细胞团。将其置于载玻片上,45％冰醋酸解离 5 min,清水洗 2～3 遍,洗净冰醋酸。拿起发根稍部,将其上毛囊细胞轻轻蹭于另一干净的载玻片上,然后用改良苯酚品红染色 5 min,压片,镜检。

3. 观察结果

在女性间期细胞核内侧靠近核膜处有约 1～1.5 μm 大小的反光极强的颗粒状亮点,即为巴氏小体。材料不同,观察结果可能会不同,且必须和核仁区别开来(核仁往往离核膜较远或接近核中央部位)。正常男性的间期细胞用荧光染料染色后,在细胞核内可出现一荧光小体,直径为 0.3 μm 左右,称为 Y 染色质。Y 染色体长臂远端部分为异染色质,可被荧光染料染色后发出荧光。这是男性特有的,女性细胞中不存在。细胞中 Y 染色质的数目与 Y 染色体的数目相同。如核型为47,XYY 的个体,细胞核中有两个 Y 染色质。

28

6.4　注意事项

(1)刮口腔上皮前要漱口,以免镜下视野杂乱,影响观测结果。
(2)取材时注意安全,以免划破口腔。
(3)第一次刮下的脱落细胞用酒精棉球擦去,在原位重复刮一下制片。
(4)盛放酒精棉球的小广口瓶,瓶盖用完即时盖好。
(5)涂片略干再加改良苯酚品红。
(6)染色时间不要太长,否则核质着色深,X染色质体不易区分。
(7)毛囊细胞要充分解离,压片前可先用解剖针敲片,使细胞解离。
(8)可数细胞的标准:核质染色呈网状或颗粒状;核膜清晰,无缺损;染色适度,
周围无杂质。

6.5　作业与思考题

(1)分别观察男女各50个可数细胞,计算显示X染色质所占百分比。
(2)观察中选绘4～5个典型细胞,示明X染色质体的形成和部位。
(3)为何巴氏小体常出现在核膜边缘?

实验 7 脱氧核糖核酸 (DNA)的鉴定—— 孚尔根(Feulgen) 反应

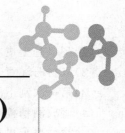

7.1 实验目的与原理

1. 目的

学习孚尔根(Feulgen)反应鉴定细胞内 DNA 的基本原理和方法。

2. 原理

染色体是遗传物质的载体,它的主要化学成分是脱氧核糖核酸(DNA),孚尔根染色法是鉴别细胞中 DNA 反应的组织化学方法。DNA 系核苷酸的多聚体,核苷酸又由碱基、脱氧核糖和磷酸所组成,当细胞经 60℃、1 mol·L^{-1} HCl 处理后,不仅使分生组织的细胞彼此分离,而且可以破坏核内 DNA 链上的嘌呤碱与脱氧核糖之间的糖苷键,嘌呤脱下,脱氧核糖上的醛基暴露,形成含醛基的无嘌呤结构物。而 Schiff 试剂(无色的亚硫酸品红溶液)是由偏重亚硫酸钠、盐酸和碱性品红配制成的。偏重亚硫酸钠与盐酸能产生亚硫酸根,具有醌式结构的碱性品红分子与亚硫酸根结合后,醌式结构的共轭双键被打开,碱性品红变为无色。当用这种无色的亚硫酸品红去染经酸解的细胞时,就会与染色体 DNA 上游离的醛基结合,又出现了呈现红色的醌式结构,从而使 DNA 分子着色。因此凡有 DNA 的部位,就呈现紫红色。所以根据紫红色出现的部位就可鉴定脱氧核糖核酸(DNA)的存在。这一反应是 1924 年由 Feulgen 和 Rossonbek 所发现和确定的,已广泛用作鉴别 DNA 的一种特异性检查方法。其优点是制片清洁,染色体清晰,组织软化好,易于压片,还可以对染色体 DNA 的含量进行测定。这一方法在切片、涂片上研究核及染色体时能减少细胞质着色对观察的影响,因此在细胞学研究中受到了普遍的重视。其缺点是,染色体较软,容易缠绕,不易分散,在加强前处理使染色体缩短的情况下,可获得较好的效果。另外,对小型染色体的材料效果较差。

7.2　实验用品

1. 材料

蚕豆(*Vicia faba* L.)或大麦(*Hordeum vulgare* L.)种子。

2. 试剂

Schiff 试剂(无色碱性品红液),0.1％秋水仙素溶液,Carnoy 固定液,漂洗液(配制方法见附录),1 mol · L^{-1} HCl,45％醋酸等。

3. 器材

普通生物显微镜,载玻片,盖玻片,镊子,解剖针,小酒杯,小玻璃瓶。

7.3　实验内容与操作

(1)将植物种子放在潮湿的滤纸上,20℃ 发芽,待胚根长至 1～2 cm 时,切取 0.5 cm 长的根尖部分。

(2)预处理:将切下的根尖浸入 0.1％秋水仙素溶液中,室温下处理 3～4 h。也可不用秋水仙素,把根尖浸入加冰块的自来水中,置于 0℃ 冰箱中低温处理 24 h,用 Carnoy 固定液固定。

(3)95％、85％、70％乙醇依次洗涤,去尽醋酸味。

(4)1 mol · L^{-1} HCl 盐酸室温浸泡 2～5 min,然后移入 60℃ 1 mol · L^{-1} HCl 12 min。

(5)用洁净滤纸吸去材料表面黏附的液体,投入 Schiff 试剂瓶,瓶外加黑纸或置于黑暗处 0.5～3 h 染色。

(6)从 Schiff 试剂取出材料后,用新配漂洗液漂洗 3 次,每次 5～10 min,用蒸馏水漂洗。

(7)压片镜检,把根尖放在载片上,用刀片切取根尖染色较深的部位少许(0.3 cm),置载玻片上,滴一滴 45％醋酸,纵切根尖,盖上盖玻片并外加滤纸,用铅笔之橡皮头连续轻击数下,使细胞分离,压平呈云雾状,显微镜下观察。首先在低

倍镜下,区分根尖的分生组织区及延长组织区的细胞。然后,在高倍镜下,观察细胞核的形态,找到有丝分裂细胞。可见细胞核或染色体呈紫红色,核仁和细胞质无色。若要隔一段时间制片,材料宜保存在 0℃ 的蒸馏水中。

(8)制作对照片。根尖放在 60℃ 蒸馏水中水解,或不经 60℃ 仅在室温下用 1 mol·L^{-1} HCl 进行酸解。其余操作步骤同上。

7.4 注意事项

(1)做 Feulgen 反应时,固定剂的选择:一般常选用 Carnoy 固定液。其他的固定剂如 Flemming 固定剂及 Champy 固定剂等均可用,但不能使用 Bouin 固定剂。

(2)水解时间和温度:这是实验的主要关键。水解适当时,染色体着色较深而细胞质不显颜色,水解不足,染色体着色浅淡,细胞质中可能有其他醛基存在而显示扩散的红色。水解过度,则染色体着色不匀,这是由于 DNA 解聚而产生的游离核酸分子从染色体扩散到细胞质中,使细胞普遍着色。随着时间的过度,会使水解液中的反应增强,而细胞不能着色。水解时间的长短要随不同的材料及不同的固定剂而定。

(3)Schiff 试剂的质量:在做 Feulgen 反应时,重要的因素就是 Schiff 试剂的质量问题。Schiff 试剂中的 SO_2 含量也影响孚尔根反应的颜色表现。SO_2 含量低时呈红色,含量高时则偏向蓝色。实验时,要注意试剂颜色是否正常,有无 SO_2 的气味。

(4)洗涤剂的重要性:漂洗时,所用的亚硫酸水,最好在每次实验前临时配制,以便保持较浓的 SO_2。

(5)实验对照组:一定要制作对照片,以便说明实验结果的真实性。

(6)操作过程中,用镊子夹取根尖的生长区部位,切勿夹取根冠部位。

(7)压片过程中尽量使根尖分生组织细胞保持原来的分布状态。

7.5 作业与思考题

(1)简述 Feulgen 反应的原理。

(2)欲得到一张好的 Feulgen 反应制片,制片过程中应注意些什么?

(3)说明经 60℃ 1 mol·L^{-1} HCl 处理后的制片与对照处理制片有何区别?为什么?

实验 **8** 脱氧核糖核酸(DNA)的鉴定——DNA与RNA区分染色法

8.1 实验目的与原理

1. 目的

学习 DNA 和 RNA 的区分染色法,了解 DNA 和 RNA 在细胞核中的存在和分布。

2. 原理

细胞核中的染色质主要由脱氧核糖核酸(DNA)所组成,而核仁主要成分是核糖核酸(RNA)。由于 DNA 和 RNA 在组成及结构上存在一定差别,因此,它们对不同的染料则具有不同的显色反应。如 Unna 试剂(甲基绿-焦宁染色液)能分别与 DNA 和 RNA 结合而呈现不同颜色,即 Brachet 反应。其中甲基绿(Methyl-Green)专门使染色质中的 DNA 染成绿色,而焦宁(派洛宁,Pyronin)则能把核仁和细胞质中的 RNA 染成不同程度的红色。这样,从细胞不同的染色结果来证明和鉴定 DNA 和 RNA 的存在和分布。

8.2 实验用品

1. 材料

洋葱鳞茎表皮。

2. 试剂

Unna 试剂(甲基绿-焦宁染色液),1 mol·L^{-1}乙酸缓冲液,配制方法见附录。

3. 器材

显微镜,镊子,载玻片,盖玻片,解剖针。

8.3　实验内容与操作

(1)用镊子撕取洋葱鳞茎内表皮一小块,置于载玻片上。

(2)滴 1～2 滴甲基绿-焦宁染色液,染色 30 min。

(3)蒸馏水洗 2 次,用吸水纸吸去多余水分。

(4)盖上盖玻片,镜检。

(5)对照:

①取洋葱鳞茎内表皮一小块,经 5% 三氯乙酸 90℃ 水浴 15 min ,再经 70% 乙醇洗片刻,再按步骤 1～4 制片观察。

②另取洋葱鳞茎内表皮一小块,用 0.1% RNA 酶室温处理 10～15 min,蒸馏水洗后,洗干,再按步骤 1～4 制片观察。

8.4　注意事项

配制 Unna 试剂时,应注意甲基绿(Methyl-Green)批号不同,染色效果差别很大。

8.5　作业与思考题

(1)说明经 5% 三氯乙酸和 0.1% RNA 酶处理的制片与未处理的制片有何区别。

(2)绘图示细胞中 DNA 和 RNA 的分布。

实验 9　孟德尔遗传定律的验证

9.1　实验目的与原理

1. 目的

观察植物性状的分离和自由组合现象；认清基因分离与重组的性质，验证分离定律和独立分配定律；学习 χ^2 测验的应用。

2. 原理

性状是在生物生长发育特定阶段表现。玉米、水稻、高粱、谷子等禾谷类 Wx（非糯性）对 wx（糯性）为显性，它不仅控制籽粒淀粉性状，而且控制花粉粒淀粉性状。

玉米杂合非糯（$Wxwx$）植株花粉粒上的性状分离：含 Wx 基因的花粉粒具有直链淀粉，而含 wx 基因的花粉粒具有支链淀粉。直链淀粉与稀碘液反应呈蓝黑色，支链淀粉不与稀碘液反应故呈红棕色或黄色（碘液本身的颜色）。用稀碘液处理玉米 F_1（$Wxwx$）植株花粉，在显微镜下观察，就可以判断花粉粒的基因型，蓝黑色与红棕色花粉粒之比为 $1:1$。

玉米籽粒胚乳非甜性和甜性，黄色和白色的两对相对性状，分别由位于两对非同源染色体上的基因所控制。已知甜粒性状是由隐性基因（su）控制，位于第 6 染色体上，而决定色泽的基因（C）位于第 9 染色体上，因此当这些纯合亲本杂交产生的 F_1 植株，在形成配子时自由组合，F_2 则出现 $9:3:3:1$ 的分离比例。

统计出实际观察值，也需要进行 χ^2 测验，检验是否与理论比例相符，如同一对相对性状结果的检验一样，可用以下公式：

$$\chi^2 = \sum \frac{(O-E)^2}{E}$$

式中:O 为实际观察值,E 为理论值,$\sum$ 为积加符号,求得 χ^2 值后,查 χ^2 值表(表 9-3),求得这种 χ^2 值的概率(P),如 $P > 0.05$,则表明观察结果与理论值相符,如 $P < 0.05$,则表明观察结果与理论值不相符。

9.2 实验用品

1. 材料

玉米(*Zea mays* L.)杂糯株($Wxwx$)的雄花序,玉米籽粒胚乳非甜、黄色与胚乳甜、白色杂交的 F_1 自交果穗和测交果穗。

2. 试剂

1‰碘溶液或 1‰碘化钾溶液。

3. 器材

显微镜,载玻片,盖玻片,镊子,解剖针。

9.3 实验内容与操作

(1)取杂糯株($Wxwx$)成熟花药,挤出花粉粒,加碘液染色、镜检,统计三个视野内两种不同颜色的花粉粒,进行 χ^2 测定,检查是否符合分离定律。

(2)取一个白色、甜粒×黄色、非甜粒 F_1 自交果穗和测交果穗,分别观察统计黄色、非甜粒,黄色、甜粒,白色、非甜粒和白色、甜粒的数目。

9.4 注意事项

(1)应使用低倍镜观察花粉粒。

(2)可以将个人或全班观察的数据汇总统计。

9.5 作业与思考题

(1)将上述统计资料汇总列于表 9-1 和表 9-2,进行 χ^2 测验(表 9-3),得出结论。

(2)试用基因型说明上述玉米两对性状杂交的遗传动态。

表 9-1 玉米花粉粒上的性状分离

表现型 统计项目	蓝黑色	红棕色(或黄色)
观察值 O		
理论值 E		
偏差 $O-E$		
偏差平方 $(O-E)^2$		
$\dfrac{(O-E)^2}{E}$		
$\chi^2 = \dfrac{\sum (O-E)^2}{E}$		

表 9-2 玉米籽粒性状分离和自由组合统计资料

表现型 统计项目	黄色、非甜粒	黄色、甜粒	白色、非甜粒	白色、甜粒
观察值 O				
理论值 E				
偏差 $O-E$				
偏差平方 $(O-E)^2$				
$\dfrac{(O-E)^2}{E}$				
$\chi^2 = \sum \dfrac{(O-E)^2}{E}$				

表 9-3 χ^2 表

P df	0.99	0.95	0.90	0.80	0.70	0.50	0.30	0.20	0.10	0.05	0.01
1	0.000 16	0.04	0.016	0.064	0.148	0.455	1.074	1.642	2.706	3.841	6.635

续表9-3

P / df	0.99	0.95	0.90	0.80	0.70	0.50	0.30	0.20	0.10	0.05	0.01
2	0.020 1	0.103	0.211	0.446	0.713	1.386	2.408	3.219	4.605	5.991	9.210
3	0.115	0.352	0.584	1.005	1.424	2.366	3.665	4.642	6.251	7.815	11.345
4	0.297	0.711	1.064	1.649	2.195	3.357	4.878	5.989	7.779	9.488	13.277
5	0.554	1.145	1.610	2.343	3.000	4.351	6.064	7.269	9.236	11.070	15.086
6	0.872	1.635	2.204	3.070	3.828	5.345	7.231	8.588	10.645	12.592	16.812
7	1.239	2.167	2.833	3.822	4.671	6.346	8.783	9.803	12.017	14.067	18.475
8	1.646	2.733	3.490	4.594	5.527	7.344	9.524	11.030	13.362	15.507	20.090
9	2.088	3.325	4.168	5.380	6.393	8.343	10.656	12.242	14.684	16.919	21.666
10	2.558	3.940	4.865	6.179	7.627	9.342	11.781	13.442	15.987	18.307	23.209

实验 **10** 链孢霉的分离和交换

10.1 实验目的与原理

1. 目的

学习链孢霉杂交技术和培养基配制方法,了解顺序排列四分子的遗传分析方法,掌握基因与着丝粒的作图方法。

2. 原理

链孢霉(*Neurospora crassa*)又名红色面包霉,属于真菌类中的子囊菌(Ascomycetes)。营养体是单倍体($n = 7$),由多核菌丝组成。生殖方式有两种,即无性生殖和有性生殖。无性生殖是通过菌丝有丝分裂,产生新的菌丝或通过分裂产生分生孢子,分生孢子萌发产生新的菌丝,有性生殖又通过两种方式来完成:①两种接合型的菌丝体都分别产生分生孢子和原子囊果,一菌丝体上的原子囊果与另一菌株上的分生孢子结合;②两种接合型的菌丝的核融合形成合子,通过这两种有性生殖方式产生的合子马上进行减数分裂形成四分子,四分子又进行一次有丝分裂,形成 8 个子囊孢子,并且有一定顺序排列,许多子囊又被包在黑色的子囊果中,若把具有相对性状差异的菌种进行杂交,所形成的每个子囊中,将有四个子囊孢子属于一种类型,四个子囊孢子属于另一种类型,总是呈 1：1 的分离比例(图 10-1)。

图 10-1 杂交的链孢霉子囊

本实验用的赖氨酸缺陷型(lys⁻)和野生型(lys⁺)所产生的子囊孢子的颜色是有差别的,lys⁺呈黑色(＋),lys⁻呈灰色

(一),把这两种菌种杂交,在产生的子囊中黑色孢子和灰色孢子的排列可有以下六种方式:

非交换型	(1)＋＋＋＋－－－－	第一次分裂分离
	(2)－－－－＋＋＋＋	
	(3)＋＋－－＋＋	
交换型	(4)－－＋＋－－＋＋	第二次分裂分离
	(5)＋＋－－＋＋－	
	(6)－－＋＋＋＋	

孢子的排列顺序反映了交换型和非交换型的子囊,(1)、(2)为非交换型,(3)、(4)、(5)、(6)为交换型。这是由于有关基因和着丝粒之间发生了一次交换。所以通过计算出交换型子囊的百分数,就可以得到有关基因与着丝点间的重组值(交换值),公式如下:

$$着丝粒和基因位点间的重组值(RF) = \frac{交换型子囊数}{总子囊数} \times \frac{1}{2} \times 100\%$$

10.2　实验用品

1. 材料

链孢霉(*Neurospora crassa*)的野生型(lys$^+$)菌株与赖氨酸缺陷型(lys$^-$)菌株。

2. 试剂

琼脂,蔗糖,赖氨酸,马铃薯,玉米粒,5％次氯酸钠液,5％石炭酸等。

3. 器材

普通生物显微镜,镊子,解剖针,接种针,载玻片,三角瓶,试管,吸管,酒精灯,灭菌锅,恒温箱等。

10.3　实验内容与操作

1. 培养基制备

马铃薯培养基,野生型和缺陷型都能生长。亦可加赖氨酸(5 mg/100 mL)溶液作为补充培养基。取去皮切碎马铃薯块 200 g 加水 1 000 mL 煮熟,用纱布过滤弃去残渣,然后在过滤液中加 2‰琼脂,2‰蔗糖,继续煮沸溶解后分装试管。或先将蔗糖、琼脂煮溶,然后每试管放入切碎马铃薯块 5~7 粒(每粒约 0.5 cm³)。

玉米琼脂培养基,供两种菌株杂交试验用,将玉米籽粒在水中浸软后,捞出晾干,每试管放 2~3 粒,再加 2‰琼脂 2~3 mL 和经多次折叠的滤纸。

以上培养基都需分装入试管,试管口紧塞棉塞,并经 121℃高压灭菌 20 min,消毒后放成斜面(玉米琼脂培养基不需放斜面)。

2. 菌种活化

一般链孢霉在 0~4℃条件下可保持半年不死。在杂交前 5~6 d,为使菌种生长良好,有利杂交,需要进行菌种活化,即将菌种从低温下取出,分别将野生型(lys$^+$)接种于马铃薯培养基,赖氨酸缺陷型(lys$^-$)接种于补充培养基上,放入温箱 28℃下培养 5 d 左右。

3. 杂交

将活化后的两个菌种同时接入一支装有玉米培养基的试管中,28℃培养 1~2 周后,子囊果成熟,呈棕黑色为止。

4. 制片

在长有黑色子囊果的杂交试管中加入少量无菌水,摇荡,倾入空的三角瓶中,加热煮沸,以防止分生孢子飞扬。取一洁净载玻片,用接种针挑出几个子囊果,在其上铺开,滴 1~2 滴 5‰次氯酸钠液,待 5 min 后,取一洁净载玻片或盖玻片盖上,用大拇指紧压,使囊果破碎,子囊分散,以便观察各子囊中的子囊孢子。

5. 镜检

将上面制片的片子,放在双筒解剖镜下或低倍显微镜下,观察两菌株子囊孢子的排列顺序情况,并将各种排列顺序的子囊数填入表 10-1 中。

10.4　注意事项

(1)30℃以上的温度会抑制原子囊果的形成,因此杂交后菌株的培养温度应控制在25℃。

(2)要观察子囊孢子的成熟时间。若过早,可能野生型和缺陷型子囊孢子均未成熟,全为灰色;过晚,则所有子囊孢子都已成熟,全为黑色。

(3)为避免对实验室环境的污染,用过的载玻片、解剖针和镊子等物品都需经过5％石炭酸浸泡,再冲洗干净。

10.5　作业与思考题

(1)每人接种一支杂交试管,待子囊果长成后进行观察。

(2)根据实验结果,绘制一个显微镜下的杂交子囊图。

(3)观察两菌株子囊孢子的排列顺序情况,并将各种排列顺序的子囊数填入表10-1,或汇总全班观察结果,计算着丝粒与lys基因的重组值。

表 10-1　子囊孢子的各种排列顺序统计

子囊类型								观察数
＋	＋	＋	＋	－	－	－	－	
－	－	－	－	＋	＋	＋	＋	
－	－	＋	＋	＋	＋	－	－	
＋	＋	－	－	＋	＋	－	－	
＋	＋	－	－	－	－	＋	＋	
－	－	＋	＋	＋	＋	－	－	
合计								

实验 **11** 植物多倍体诱发和鉴定

11.1 实验目的与原理

1. 目的

初步掌握秋水仙素诱发多倍体的方法;学习植物多倍体的细胞学鉴定。

2. 原理

有丝分裂是生物体细胞增殖的主要方式。在有丝分裂过程中,细胞核内染色体准确复制、均等分裂,使母、子细胞在遗传物质组成上达到等质同量。既维持个体正常生长发育,又保证物种的连续性和稳定性。

高等植物的有丝分裂主要发生在根尖、茎尖及幼叶等部位的分生组织,将这些分生组织固定、水解、染色和压片,再置于显微镜下即可观察到大量处于有丝分裂各时期的细胞和染色体。

秋水仙碱是从秋水仙鳞茎和种子中提炼出来的一种生物碱,淡黄粉末、针状晶体,分子式 $C_{22}H_{25}NO_6+1.5H_2O$。易溶于凉水,但不易溶于热水,配制时需用无水乙醇助溶。用秋水仙碱浸渍、涂抹或点滴植物的分生组织,能抑制细胞分裂时纺锤丝的形成,使染色体不走向两极而被阻止在分裂中期,这样细胞不能继续分裂,从而产生染色体数目加倍的核。若染色体加倍的细胞继续分裂,就形成多倍性的组织和器官。从多倍体组织分化产生的性母细胞,经减数分裂产生的雌雄配子受精后仍形成多倍体植株。植物多倍体在探讨物种的演化,克服远缘杂交不育和育成作物新类型方面具有重要意义。

11.2　实验用品

1. 材料

洋葱根尖或大蒜根尖。

2. 试剂

改良苯酚品红染色液、1 mol·L^{-1}盐酸、秋水仙碱、8-羟基喹啉、无水乙醇、冰醋酸、KCl 等。

3. 器材

显微镜、目镜测微尺、镜台测微尺、冰箱、恒温箱或水浴锅、天平、量筒、培养皿、青霉素小瓶、盖玻片、载玻片、镊子、刀片、吸管、洗瓶、吸水纸等。

11.3　实验内容与操作

1. 供试材料洋葱根尖($2n=2x=16$)的准备及处理方法

(1)水浸发根：将洋葱的鳞茎盘置于盛水的小烧杯上，放在 25℃ 温箱中，待其长根。

(2)预处理：待根长到 2 cm 左右时，在上午 10:45～11:30 之间剪取根尖，放入 0.02%～0.05% 的秋水仙素溶液中，浸泡 2～4 h。预处理的目的主要是用理化因素抑制或破坏纺锤丝形成，可以获得较多中期分裂相，同时可使染色体缩短、分散，便于压片观察。

(3)低渗：洗净根尖，0.075 mol·L^{-1} KCl 低渗 0.5 h。低渗的目的是为使细胞外液浓度低于内液，细胞膜吸水胀破，染色体易释放分散。

(4)固定：水洗前处理后的根尖，再放入卡诺氏固定液中固定 2～24 h。固定后可以先放入 95%、80% 乙醇依次脱水，最后换 70% 乙醇放在 4℃ 冰箱长期保存。固定的目的是迅速杀死细胞，尽可能保持细胞结构在生活时的完整性和真实状态，便于染色观察。

2. 供试材料洋葱根尖($2n=4x=32$)的处理方法

(1)水浸发根：将洋葱的鳞茎盘置于盛水的小烧杯上，放在 25℃ 温箱中，待其长根。

(2)加倍处理：待根长到 0.5 cm 左右时，将洋葱的幼根置于盛有 0.1%～

0.2％的秋水仙素溶液中,放在 25℃温箱中 24～48 h,待其长根。

(3)低渗:在上午 10:00～11:00 之间剪取并洗净根尖,用 0.075 mol·L^{-1} KCl 低渗处理 0.5 h。

(4)固定:水洗前处理后的根尖,再放入卡诺氏固定液中固定 2～24 h。再放入 95％、80％乙醇依次脱水,最后换 70％乙醇放在 4℃冰箱长期保存。

3. 解离

取出供试材料二倍体洋葱根尖($2n=2x=16$)和四倍体洋葱根尖($2n=4x=32$),分别放入不同的青霉素小瓶中水洗 3 遍,弃去水。再加入 1 mol·L^{-1} 盐酸,放入 60℃恒温箱解离 4～10 min 后,弃去盐酸,水洗根尖 3 遍。

4. 染色

取一根尖于载玻片上,仅切取生长点部位,弃去其余部分。加一滴改良苯酚品红染液,边用镊子夹碎边染色 5 min,或整染 30 min,再加上盖玻片。

5. 压片

吸水纸包住盖玻片和载玻片,镊柄敲片,敲至材料呈云雾状即可。

6. 镜检

先用低倍镜寻找有分裂相的细胞,再用高倍镜仔细观察各个时期染色体动态变化特征。

11.4　注意事项

秋水仙素有剧毒,能使中枢神经麻醉,造成呼吸困难;如有不慎微量入眼,会引起暂时失明。所以使用时要注意操作安全。

11.5　作业与思考题

(1)制片并观察二倍体洋葱根尖($2n=2x=16$)有丝分裂前期、中期、后期和末期图像,同时写出各个时期染色体动态变化特征。

(2)制片并比较二倍体洋葱根尖($2n=2x=16$)和四倍体洋葱根尖($2n=4x=32$)中期和后期图像有何不同,为什么?

实验 **12** 植物单倍体的人工诱发与鉴定

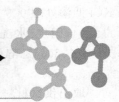

12.1 实验目的与原理

1. 目的

了解花药培养诱导植物单倍体的原理、方法与技术要点,了解单倍体在育种工作中的意义;比较单倍体和二倍体植株的形态差异,初步掌握在幼苗期用目测挑选单倍体的方法;了解单倍体减数分裂的特点和花粉粒的育性。

2. 原理

花粉形成单倍体植株有两种方式,一是花粉形成愈伤组织,再由愈伤组织器官分化成单倍体植株,如水稻、麦类等作物;二是花粉不经愈伤组织,直接形成胚状体,如烟草、曼陀罗等。一般认为两种方式间不存在绝对的界限,主要取决于培养基中生长素的浓度。

花药培养的基本培养基因植物种类而异,研究表明:水稻以 Miller 或 N6 培养基较合适,小麦则以 MS 培养基较为适合。几种常用培养基配方及配制方法参见附录四。花药诱导愈伤组织的培养基也称去分化培养基,需要加入 2,4-D(0.5～2 mg/L);促使愈伤组织分化为单倍体植株的分化培养基,则需加入吲哚乙酸(0.5～2 mg/L)或萘乙酸(0.2～0.5 mg/L)和 6-苄基氨基嘌呤(2 mg/L)。去分化培养基与分化培养基中植物激素(生长调节剂)种类与最适含量常因植物种类、基因型而异,因此要得到理想的愈伤组织诱导率与植株再生率,往往需要针对性地进行植物激素的优化试验。

单倍体染色体数为正常体细胞($2n$)的一半(n),基因型由一套染色体组所决定。单套染色体组只能使遗传系统保持局部平衡,并破坏了基因的平衡和相互作用;改变了基因型背景,减少了基因数量,提供了隐性基因表现型出现的条件和可能性;改变了核质比例,如胚—胚乳—珠心系统倍数性水平的关系,从而降低了基因型功能,而在表现型上有所反映。不过一般单倍体和二倍体的表型区别属于数量差异,绝大部分单倍体是缩小了的亲本类型的拷贝,植株比正常二倍体植株矮小。柑橘的单倍体植株矮小,叶片较薄,叶色较淡;进一步鉴别,还表现出气孔保卫细胞较小,而单位面积上的气孔数则增多。

二倍体生物的单倍体细胞内只有一个染色体组,也是一倍体;而来自偶倍数同源多倍体与异源多倍体的单倍体则具有两个以上的染色体组,所以称为多单倍体。

一倍体减数分裂前期染色体均以单价体的形式存在,偶尔会出现无交叉的非同源联会;到中期Ⅰ时由于缺少同源染色体,单价体的两条染色单体的着丝点尚未复制完成而不能像二倍体那样集中在赤道板上,只能无序地分散在细胞中,使后期Ⅰ和中期Ⅰ难以区别。后期Ⅰ染色体在两极不均等分布,以玉米单倍体为例,可观察到 5−5、4−6、3−7、2−8、1−9、0−10 等分布,但以 5−5、4−6 为多,0−10 的分布很少。有的单价体在减数第一分裂时就发生着丝点分裂和姊妹染色单体分离,但往往不能向两极正常分配,紊乱分布在细胞中。末期Ⅰ可形成没有完整单倍染色体数的微核。

前期Ⅱ染色体多呈"X"或"Y"形,中期Ⅱ时多数染色体集中于赤道板。如果染色体在减数第一分裂时已发生姊妹染色单体分离则不能排列到赤道板。后期Ⅱ时染色单体移向两极。小孢子核中有各种数目的染色体,大小不一,很多小孢子有微核,一些出现双核。染色体组不平衡的小孢子很少发生有丝分裂,不能发育成花粉粒。花粉粒的育性非常低,通常为 1%～10%。

多单倍体染色体在减数分裂过程中的表现取决于该多单倍体的来源,同源多倍体的单倍体各染色体组间存在同源关系,而异源多倍体的单倍体染色体组间为异源或部分同源。

多单倍体在粗线期可能出现有交叉的同源或部分同源联会。

12.2　实验用品

1. 材料

孕穗后期的水稻($Oryza\ sativa$,$2n = 20$)穗子;水稻、玉米($Zea\ mays$,$2n = 24$)等植物单倍体与二倍体 4～6 d 幼苗;水稻、玉米等植物花药单倍体植株幼穗或其固定材料。

2. 试剂

培养基(参见附录 4),2,4-D,吲哚乙酸或萘乙酸,细胞分裂素类(如 6-苄基氨

基嘌呤);70%乙醇,福尔马林,高锰酸钾,漂白粉;15%铬酸,15%盐酸,10%硝酸,氢氧化钠,0.5%秋水仙碱溶液,1% I_2-KI 溶液。

3. 器材

试管(30 mL)、试管架、烧杯、量筒(100、1 000 mL)、棉塞、吸管(1、2、5、10 mL)、接种针、镊子、酒精灯、剪刀、无菌纸、培养皿、超净工作台或接种室等。

12.3 实验内容与操作

12.3.1 水稻花药单倍体植株的诱导

1. 花粉发育时期的镜检和消毒

严格掌握花粉发育时期是愈伤组织形成的重要因素。水稻采用单核中、晚期花粉培养比较好。此期植株外部形态特征为:剑叶已伸出叶鞘,和下面一叶的叶枕距为 3～10 cm(因品种和气候而异)。

取花药置于载玻片上,加上一滴 15%铬酸、15%盐酸和 10%硝酸的混合液(2∶1∶1体积比)压片镜检。可以看到细胞核被染成橙黄色,单核中、晚期的花粉已形成液泡,细胞核被挤到花粉粒边缘。

根据镜检花粉粒所在颖壳的颜色和花药在颖壳里的位置为标准,剪去较嫩和较老的小穗;把准备接种的小穗放在 10%的漂白粉的上清液里,消毒 10 min,再用无菌水冲洗 2～3 次。

2. 接种和培养

将消毒的水稻小穗,对光剪去花药上端的颖壳,用镊子将花药剥在无菌纸上,再倒入装有去分化培养基的试管内,每管接 30～40 个花药,于 28℃下进行暗培养,促使花粉粒分裂增殖,形成愈伤组织。

3. 单倍体植株的诱导

花药培养 20 d 左右,可在花药裂口处观察到淡黄色的愈伤组织形成。等愈伤组织长到 2～4 mm 时,再转到含有萘乙酸(或吲哚乙酸)和 6-苄基氨基嘌呤的分化培养基上,并用日光灯照明,2 周后愈伤组织分化出小植株。当植株长到 6～10 cm 时即可移栽,移栽时先将根部的培养基洗去,刚入土的幼苗需用烧杯罩住,防止因水分蒸发而死苗。

4. 染色体加倍

水稻花药培养形成的植株大多是单倍体,必须经过染色体加倍后才能结实。

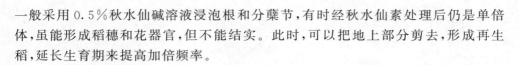

一般采用0.5%秋水仙碱溶液浸泡根和分蘖节,有时经秋水仙素处理后仍是单倍体,虽能形成稻穗和花器官,但不能结实。此时,可以把地上部分剪去,形成再生稻,延长生育期来提高加倍频率。

12.3.2　单倍体与二倍体的植株、幼苗形态观察

(1)取3～4叶期的第2～3叶(注意取同一叶序相同部位),比较气孔保卫细胞的大小和数目。单倍体的保卫细胞较小,但单位面积上的数目较多。

(2)观测比较单倍体和二倍体水稻(玉米)4～6 d幼苗高度、主根长、根粗、芽鞘长度等。

12.3.3　单倍体和二倍体植物的细胞学观察与鉴定

在花药培养过程中,也有部分愈伤组织来自药壁或花丝断裂处,它们是由二倍体的亲体细胞分裂而来,因此对分化幼苗进行染色体的检查是必不可少的。

(1)取单倍体和二倍体水稻(玉米)4～6 d幼苗根尖,制片观察染色体数(参见根尖染色体压片)。

(2)取水稻(玉米)幼穗,制片观察减数分裂各期染色体形态与分布特点(参见花粉母细胞涂抹片制作)。

12.4　注意事项

(1)秋水仙碱属剧毒药品,具麻醉作用,操作时切勿使药液接触皮肤和溅入眼内。

(2)培养及操作过程要求严格无菌,各种器具、用品培养基及加入到培养瓶中的试剂均需进行灭菌处理。

12.5　作业与思考题

(1)统计花药诱导愈伤组织的频率、愈伤组织分化成单倍体植株的频率以及绿苗和白化苗的产生频率。

(2)观察单倍体和二倍体植株的形态特征差异。

(3)绘制单倍体减数分裂中期I细胞学图,描述单倍体减数分裂中期的细胞学特征并分析其形成原因。

实验 13 植物雄性不育系的观察与利用

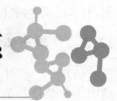

13.1 实验目的与原理

1. 目的

明确植物雄性不育及"三系"的概念,认识雄性不育系的一般特征及其鉴别、利用方法。

2. 原理

雄性不育是指在两性花植物中雄蕊败育的现象。有些雄性不育现象是可以遗传的,采用一定的方法可育成稳定遗传的雄性不育系。雄性不育系在杂交过程中有着重要的作用,虽然杂种优势普遍存在,但很多植物由于单花结籽量少,获得杂交种子很难,从而使杂交种子生产成本太高而难以在生产中应用。利用雄性不育系配制杂交种是简化制种的有效手段,可以降低杂交种子生产成本,提高杂种率,扩大杂种优势的利用范围。

雄性不育的遗传类型可以分为细胞核雄性不育类型和核质互作雄性不育类型。核不育型受一个隐性基因(ms)控制,纯合体($msms$)表现雄性不育。这种雄性不育能被显性基因(Ms)恢复,杂合体($Msms$)的后代呈孟德尔式分离,不能使群体保持一致。质核不育型是由细胞质基因和核基因共同控制的。质核不育型必须有不育的细胞质基因和相应的隐性核基因配合。当细胞质不育基因 S 存在时,核内必须有相应的隐性基因(rr),个体才表现雄性不育。如果细胞质基因是正常可育的 N,即使核基因是(rr),个体仍正常可育。如果核内存在显性基因(R),则不论细胞质基因如何,都是雄性可育的。以雄性不育个体为母本,与几种能育型杂交,可出现下列结果:

(1)S(rr)×N(rr)→S(rr),F_1 雄性不育。N(rr)称为保持系,而 S(rr)称为不育系。

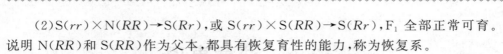

（2）S（rr）×N（RR）→S（Rr），或 S（rr）×S（RR）→S（Rr），F_1 全部正常可育。说明 N（RR）和 S（RR）作为父本，都具有恢复育性的能力，称为恢复系。

质核互作型雄性不育又分为孢子体不育和配子体不育。孢子体不育是指花粉的育性决定于孢子体（植株）的基因型，而与花粉本身所含的基因无关。孢子体的基因型为（rr），花粉全部败育；基因型为（RR）或（Rr），花粉全部可育。配子体败育是指花粉的育性决定于雄配子体（本身）所含的基因。杂合体植株（Rr）经减数分裂后可育形成两种花粉，即（R）和（r）。凡是（R）的花粉是可育的，（r）花粉是不育的。

对花粉不育型通常不能用肉眼直接进行鉴定，需要用显微镜镜检，通常把过大、过小或畸形花粉作为无生活力花粉。

13.2　实验用品

1. 材料

水稻、小麦或玉米的"三系"材料。

2. 试剂

1% 碘液。

3. 器材

显微镜，镊子，解剖针，载玻片，盖玻片等。

13.3　实验内容与操作

（1）观察记载不育系的穗部形态、花药形态，并与保持系作比较。

（2）镜检不育系花粉粒形态及碘液反应，与保持系和恢复系作比较。

分别把不育系和保持系或恢复系花药用镊子取下来，放到载玻片中央，滴上一滴 1% 碘液，用镊子尖把花药捣碎，除去药壳及花丝等，然后放到显微镜下镜检。观察不育系和保持系或恢复系的花粉形态、大小以及着色深浅等。一般不育系的花粉少、着色浅、瘦小干瘪、无生活力或生活力弱，保持系和恢复系的花粉多、着色深、饱满、生活力较强。

13.4　注意事项

使用不同材料制片时,注意清洁镊子、解剖针、载玻片、盖玻片,避免花粉混杂,影响实验结果。

13.5　作业与思考题

(1)绘图示不育系、保持系或恢复系的花粉粒形态,并说明碘染结果。
(2)绘图示水稻或玉米"三系"利用的方式并说明原理。

实验 14 果蝇的观察和饲养

14.1 实验目的与原理

1. 目的

了解果蝇的生活史,学会饲养果蝇;掌握区别雌雄果蝇的方法;掌握常用果蝇品系的特征及常见突变类型。

2. 原理

果蝇英文俗名 fruit fly 或 vinegar fly,果蝇广泛地存在于全球温带及热带气候区,由于其主食为腐烂的水果,因此在人类的栖息地内如果园、菜市场等地区内皆可见其踪迹。除了南北极外,目前至少有 1 000 个以上的果蝇物种被发现,大部分的物种以腐烂的水果或植物体为食,少部分则只取用真菌、树液或花粉为食。

遗传学研究中常用的是黑腹果蝇(*Drosophila melanogaster*)属于双翅目果蝇属,具有非常突出的优点:个体小,生长迅速,生活史短,易饲养,染色体少,突变型多,繁殖快,每只雌蝇每天可产卵 20 枚,最高可达 80 枚。

以果蝇作为遗传学研究的材料,利用突变株研究基因和性状之间的关系已近100 年历史。从 1980 年初,以果蝇作为发育生物学的模式动物,利用其完备的遗传研究工具来探讨基因是如何调控动物体胚胎的发育,也带动了其他模式生物(线虫、斑马鱼、小鼠和拟南芥等)的研究。果蝇的遗传学研究广泛而深入,尤其在基因分离、连锁、互换等方面十分突出。因此,学习果蝇遗传学的研究方法,具有重要意义。

14.2　实验用品

1. 材料

黑腹果蝇(*Drosophila melanogaster*)野生型及各种突变型。

2. 试剂

乙醚,琼脂,绵白糖,丙酸,酵母粉,玉米粉,乙醇等。

3. 器材

显微镜,放大镜,恒温箱,灭菌锅,饲养瓶,麻醉瓶,海绵板,白瓷板,解剖针,镊子,毛笔,死果蝇盛留瓶等。

14.3　实验内容与操作

1. 果蝇饲养

(1)灭菌:将培养瓶(广口瓶、三角瓶、粗试管等)及棉塞置入高温高压灭菌锅内,以121℃,152 kPa,1.5 atm 消毒 15～18 min。消毒完成后,待灭菌锅内压力降至常压后,半开锅盖,再干燥培养瓶的棉塞 30 min,完成后取出冷却备用。

(2)培养基配制:表 14-1 是常用的果蝇培养基配方。

表 14-1　果蝇培养基配方(100 mL)

成分	含量		作用
	配方①	配方②	
玉米粉/g	10	10	基本成分
绵白糖/g	13	10	基本成分
琼脂(洋菜)/g	1.5	1	固化剂
丙酸/mL	0.5	0.5	防腐剂
酵母粉/g	0.5	0.5	菌种
水/mL	80	100	溶剂

配方①用于培养杂交果蝇,因培养基较干稠,可避免黏着果蝇。

配方②可用于原种保存,因培养基较稀,可延长培养时间。

配制时先将水分成两份,其中一份用于加热溶解琼脂和绵白糖,另一份煮玉米粉。两份分别煮溶后再合到一起煮沸后加入丙酸,这时培养基很黏稠,要充分搅拌后再分装培养瓶。培养基冷却后,在培养基表面撒上一层酵母粉,再将一张无菌的折叠滤纸片放入瓶内,以利果蝇产卵和停歇。

2. 果蝇的生活史

果蝇是完全变态的昆虫,它的一生包括卵、幼虫、蛹和成虫四个阶段,各阶段的时间长短受外界条件(如温度)影响,平均每个世代 10 d 左右。雌果蝇一般在羽化后 10 h 开始交配,交配后 2 d 开始产卵。卵孵化成幼虫后要经历两次蜕皮才能从一龄幼虫变为三龄幼虫,幼虫生活 6~7 d 准备化蛹,化蛹之前从培养基中爬出来附着在瓶壁或滤纸上逐渐形成一个梭形的蛹。幼虫在蛹壳内完成成虫体型和器官的分化,最后从蛹壳的前端爬出(图 14-1)。

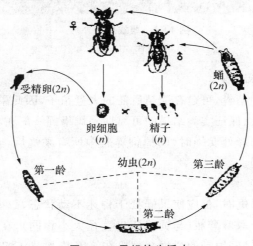

图 14-1　果蝇的生活史

3. 果蝇的雌雄识别

雌雄果蝇在外形上有很大差别(图 14-2)。

雌果蝇主要特征有:个体较大,腹部末端较尖,腹部背面有五条黑条纹,腹部体节数目为 6 节,腹部底部为产卵管,呈现圆锥状凸出。外生殖器较简单,有阴道板和肛上板等结构,无性梳。

雄果蝇主要特征有:个体较小,腹部末端较钝,腹部背面有三条黑条纹,最后一条极宽,并延伸到腹面,腹部体节数目为 4 节,腹部底部为交尾器,呈现黑色圆形外观。外生殖器较复杂,有生殖弧、肛上板、阴茎等结构,腹部腹面有 4 个腹片,前腿

跗节上有性梳。

图 14-2 雌雄果蝇外形
左:雌性 右:雄性

4. 处女蝇的选取方法

雌果蝇体内有贮精囊,可贮存受精所需的大量精子,因此果蝇杂交试验中的雌果蝇必须为处女蝇,以保证实验结果的可靠性。雌果蝇一般在羽化后 10 h 后才能性成熟开始交配。选择处女蝇时,倒掉饲养瓶中所有果蝇后,收集 10 h 内羽化的雌蝇就一定是处女蝇。

5. 果蝇的麻醉

在选取或观察果蝇时,都应使果蝇处于昏迷不动状态,故要对果蝇进行麻醉,常用乙醚进行麻醉。取麻醉瓶(与饲养瓶口直径大小相同),在其棉塞上滴几滴乙醚并塞好,将饲养瓶轻轻振动使果蝇全部落在培养基上,然后迅速拔去饲养瓶和麻醉瓶上的棉塞,瓶口对接,饲养瓶在上,麻醉瓶在下,轻轻将麻醉瓶在海绵块上振动,使饲养瓶中的果蝇掉进麻醉瓶里,然后迅速塞好棉塞。当观察到麻醉瓶中的果蝇昏迷不动时,就可将果蝇倒在白瓷板上进行性状观察和雌雄的区别。

6. 果蝇常见突变性状的观察

野生型果蝇体色灰,眼睛为砖红色、饱满圆形,头胸部以及复眼的周围具有平直、先端略弯的长型粗黑硬刚毛,有一对翅膀和一对平衡棒,翅膀呈卵圆形,静止时平放、交叉重叠,长度约为腹部长度的两倍,翅膀有横隔脉。

果蝇的成虫有许多肉眼就可以明显区别的突变性状(表 14-2),遗传研究时,就利用这些成虫间性状差异的个体进行交配,繁衍后代,观察分析其遗传动态。

表 14-2　果蝇常见突变性状

突变性状	基因符号	染色体号	性状特征
棒眼	B	1	复眼呈狭窄垂直棒形,小眼数少
白眼	w	1	复眼白色
小翅	m	1	翅膀小,长度不超过身体
黄体	y	1	全身呈浅橙黄色
叉毛	f	1	毛和刚毛分叉,且弯曲
褐眼	bw	2	眼呈褐色
卷曲翅	Cy	2	翅膀向上卷曲,纯合致死
黑体	b	2	体黑色,比黑檀体深
残翅	vg	2	翅明显退化,部分残留,不能飞
黑檀体	e	3	身体呈乌木色,黑亮
猩红眼	st	3	复眼呈明亮的猩红色
墨色眼 B	se	3	羽化时眼呈褐色,并深化成墨色

14.4　注意事项

（1）过度麻醉将导致果蝇死亡。如仅观察统计可延长时间麻醉致死,其翅膀外展 45°角时说明已死亡。如需继续培养以轻度麻醉呈昏迷状态为宜。

（2）观察或计数过程中,果蝇可能苏醒,需要再麻醉。可准备一只玻璃培养皿,内以胶带贴一小块棉球,滴入适量乙醚,培养皿口朝下置于一旁备用,如见果蝇翻身走动可将培养皿口朝下,盖于果蝇上方,待其麻醉后再移开。

（3）进行杂交试验时,为避免麻醉的果蝇直接掉落于培养基表面而粘着于培养基表面致死,可将培养瓶横放,将麻醉的果蝇倒于瓶壁,待其苏醒后再将培养瓶正立。

14.5　作业与思考题

(1)分别挑取 5 对野生果蝇和 5 对白眼果蝇到空瓶中饲养,贴上标签,写明杂交组合、日期、实验者姓名。饲养两周后供下次实验使用。

(2)果蝇突变体可以如何得到？请列出几种方法,并设计实验尝试。

实验 **15** 果蝇唾腺染色体的制片

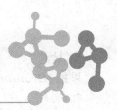

15.1 实验目的与原理

1. 目的

学习唾腺染色体的制片方法;观察、了解果蝇的唾腺染色体的特点,学会识别果蝇的不同染色体。

2. 原理

果蝇唾腺染色体是果蝇幼虫期唾腺细胞核内染色线连续复制,但细胞核不分裂,而形成的多线染色体,又称为巨型染色体(图15-1)。它比果蝇其他细胞的染色体长 100～200 倍,有 1 000～4 000 条染色体的拷贝。可以观察到这种染色体由一个"染色中心"和五个臂组成($2n=8$)。这是由于各染

图 15-1 果蝇唾腺染色体

色体的着丝粒周围的异染色质部分相互结合在一起,形成一个"染色中心",又由于同源染色体紧密配对,Ⅱ、Ⅲ染色体各有左右两条臂,X 染色体是端着丝粒染色体,只能看到一条染色体臂,Ⅳ染色体则呈点状,所以可见五条臂。而且每条染色体臂上还呈现不同的横纹(band)。根据果蝇的表现型和它的唾腺染色体上横纹染色的深浅、宽窄及其他特征可为基因与性状的关系提供一定的依据,并可做出基因的细胞学图。所以,唾腺染色体是细胞遗传学研究的极好材料。

15.2　实验用品

1. 材料

果蝇(*Drosophilo melanogaster*)幼虫。

2. 试剂

1‰醋酸地衣红或石炭酸品红,0.7%生理盐水,1 mol·L^{-1} HCl,蒸馏水等。

3. 器材

双筒解剖镜,普通生物显微镜,解剖针,镊子,载玻片,盖玻片等。

15.3　实验内容与操作

(1)取肥大、行动迟缓的果蝇三龄幼虫的雌体置于载玻片上,滴加 0.7%生理盐水。

(2)双筒解剖镜下,用解剖针针尖按住幼虫靠前端的 1/3 处,以固定幼虫,再用镊子或解剖针夹紧其口器的头部,用力把头部从身体中拉开。位于幼虫前端食道两侧的唾腺便随之而出。唾腺是一对透明的棒状腺体,像一对白茄子,上面附有白色脂肪条。弃去幼虫其余组织部分,并剔除唾腺上白色脂肪。

(3)将唾液置于载玻片上,滴一滴 1‰醋酸地衣红或石炭酸品红染色数分钟,盖上盖玻片,外覆吸水纸,用大拇指轻压,使细胞分散,吸去多余的染色液。

(4)镜检:先在低倍镜下观察,直至高倍油镜下观察。

15.4　注意事项

(1)果蝇唾腺为单层细胞构成,在解剖和制片中注意保湿。

(2)果蝇的唾腺很小,染色时染液不宜过多,避免压片时唾腺随染液流走。

15.5　作业与思考题

绘出你所观察到的果蝇唾腺染色体的图像，标明染色中心和 5 条臂。

实验 15　果蝇唾腺染色体的制片

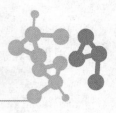

实验 16　果蝇的伴性遗传

16.1　实验目的与原理

1. 目的

了解伴性遗传并认识果蝇伴性遗传的特点,认识伴性遗传与非伴性遗传的区别以及伴性基因在正反交中的差异。

2. 原理

果蝇有四对染色体,第一对为性染色体(X、Y),其余三对为常染色体。果蝇的性别决定是 XY 为雄性,XX 为雌性。伴性基因主要位于 X 染色体上,Y 染色体上没有相应的等位基因。位于性染色体上的基因的遗传方式与位于常染色体上的基因有一定差别,它在亲代与子代之间的传递方式与雌雄性别有关,这种遗传方式称为伴性遗传。决定果蝇红眼、白眼的基因位于 X 染色体上,是一对等位基因,而 Y 染色体没有对应的等位基因。

将红眼和白眼果蝇交配,其后代眼色的表现就和性别有一定的关系,且正反交的结果不一样。非伴性基因的 F_1 代均表现显性性状;而伴性基因在正交情况下,F_1 代和非伴性遗传相同,在反交情况下,F_1 代会出现隐性性状(表 16-1)。

表 16-1　果蝇眼色的伴性遗传

世代	正交		反交	
P	X^+X^+(♀) ×	X^WY(♂)	X^WX^W(♀) ×	X^+Y(♂)
	野生型	突变型	突变型	野生型
	↓		↓	
F_1	X^+X^W	X^+Y	X^+X^W	X^WY
	(红眼)	(红眼)	(红眼)	(白眼)

续表16-1

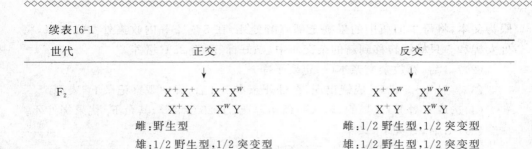

世代	正交	反交
F$_2$	X$^+$X$^+$　X$^+$X^w X$^+$Y　X^{w}Y 雌:野生型 雄:1/2野生型,1/2突变型	X$^+$X^w　X^{w}X^w X$^+$Y　X^{w}Y 雌:1/2野生型,1/2突变型 雄:1/2野生型,1/2突变型

在伴性遗传实验时,也可能出现例外个体,即在反交实验中 F$_1$ 代出现不应该出现的雌性白眼,这是由于两条 X 染色体不分离造成的(表 16-2)。

表 16-2　果蝇眼色的伴性遗传中的例外

精子 卵子	X$^+$	Y
X^{w}X^w	X^{w}X^{w}X$^+$(死亡)	X^{w}X^{w}Y(白眼雄性)
O(无 X)	X$^+$O(白眼雌性,不育)	Y O(死亡)

16.2　实验用品

1. 材料

黑腹果蝇品系:

野生型(红眼)　　　　X$^+$X$^+$(♀),X$^+$Y(♂)

突变型(白眼)　　　　X^{w}X^w(♀),X^{w}Y(♂)

2. 试剂

乙醚,果蝇培养基等。

3. 器材

体视显微镜,恒温培养箱,培养瓶,麻醉瓶,毛笔,滤纸,培养皿。

16.3　实验内容与操作

(1)选处女蝇:每两组做正、反交各 1 瓶,正交选野生型红眼为母本,突变型白

眼为父本,将母本旧瓶中的果蝇全部麻醉处死,在8～12 h内收集处女蝇5只,将处女蝇和5只雄蝇转移到新的杂交瓶中,贴好标签,于25℃培养。

(2)7 d后,释放杂交亲本(一定要干净)。

(3)再过4～5 d,F_1成蝇出现,在处死亲本7 d后,集中观察记录F_1表型。

(4)选取5对F_1代果蝇,转入一新培养瓶,于25℃培养,其余F_1代果蝇处死。

(5)7 d后,处死F_1亲本。

(6)再过5 d,F_2成蝇出现,开始观察记录,连续统计7 d。

16.4　注意事项

(1)用于杂交实验的亲本果蝇应为纯种果蝇。

(2)为保证实验结果具有统计学意义,每一杂交结果统计总数要求达到200～300只。

16.5　作业与思考题

(1)观察并统计正、反交F_1代表型及个体数,比较正、反交结果,填入表16-3。

(2)观察并统计正、反交F_2代表型及个体数,计算不同表型个体数的比例,分析伴性基因的遗传规律,填入表16-3。

(3)根据你的结果,对该实验F_2代的统计结果作χ^2测验(表16-4)。

表16-3　果蝇眼色的伴性遗传统计

统计日期	正交 F_1:$X^+X^+ \times X^w Y$		反交 F_1:$X^wX^w \times X^+ Y$	
	红眼♀	红眼♂	红眼♀	白眼♂

统计日期	正交 F_2				反交 F_2			
	红眼♀	白眼♀	红眼♂	白眼♂	红眼♀	白眼♀	红眼♂	白眼♂

续表 16-3

统计日期	正交 F_2				反交 F_2			
	红眼♀	白眼♀	红眼♂	白眼♂	红眼♀	白眼♀	红眼♂	白眼♂
合计								
百分比								

表 16-4 果蝇 F_2 代 χ^2 测验

项目	正交 F_2				反交 F_2			
	红眼♀	白眼♀	红眼♂	白眼♂	红眼♀	白眼♀	红眼♂	白眼♂
实际观察数(O)								
预期数(E)								
偏差($O-E$)								
$(O-E)^2/E$								

实验 17 果蝇数量性状统计和遗传率的估算

17.1 实验目的与原理

1. 目的

了解数量性状的遗传特点和分析方法,学习遗传率的估算方法。

2. 原理

以前我们所学的许多性状,如果蝇的红眼—白眼、直刚毛—焦刚毛、长翅—残翅、灰身—黑身等性状都是质量性状(不连续性状),这些相对性状差异明显,没有中间过渡类型,在实验室研究的许多遗传性状大多属于这种类型。然而,自然界中的许多变异,以及动植物育种中的许多重要变异性状都是连续的,如作物的产量,成熟期,高度等,在生物中凡是可数、可度、可衡等并可用数字形式描述的性状,称数量性状。数量性状大都由多基因相互作用决定的,每个基因的作用是微小而相等的,并且很容易受环境影响。

遗传率在研究生物群体数量性状中有着重要意义,是进行动植物育种时必须利用的一种参考数值或统计常数之一。遗传率也称为遗传参数,可分为广义遗传率和狭义遗传率。可运用子代对亲代的回归法来估计遗传率。群体某一数量性状的遗传方差与总的表型方差的比率,通常称为该性状的遗传率记为 H^2。其定义为:

$$H^2 = \Delta G / \sigma_p i$$

式中: σ_p 为标准差, $i = \Delta p / \sigma_p$ 为标准选择差, Δp 为子代平均值—亲代平均值, ΔG 为遗传获得量。

果蝇的第四、第五腹板上的小刚毛数就是典型的数量性状,不同个体的小刚毛数不同。本实验采用果蝇的两个自交系,它们腹板上的刚毛数量有较大差异。腹板上的刚毛由 2～3 根长刚毛和一排小刚毛组成(图 17-1),雄性个体由于体形较小,腹板上的刚毛数也较少。实验中,为避免性别差异造成误差,可选同一性别(一般选雌果蝇)作为统计材料。

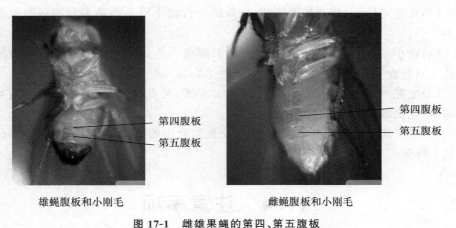

雄蝇腹板和小刚毛　　　　　　　　　　雌蝇腹板和小刚毛

图 17-1　雌雄果蝇的第四、第五腹板

17.2　实验用品

1. 材料
野生型果蝇。
2. 试剂
果蝇培养基,乙醚,乙醇。
3. 器材
恒温培养箱,解剖镜,显微镜,麻醉瓶,白瓷板,试管,镊子,棉塞,毛笔。

17.3　实验内容与操作

(1)把野外收集的果蝇培养成近交系,然后选用分别表现出高、低腹板刚毛数的两个品系进行杂交,得到 F_2 代成蝇,考虑到 F_1 代还未完全性状分离,从 F_2 代开

始计数。培养果蝇时在避免密度过大,温度在 20℃ 或稍低温度下培养,这样成虫个体较大,便于观察刚毛容易计数。

(2)随机取处女蝇和雄蝇各 20 只,乙醚适度麻醉,在显微镜下逐一观察雌、雄蝇第四、第五腹板上的小刚毛数,记录后放入已灭菌的试管中,每管一只(试管上贴上标签,标明性别、小刚毛数)。

(3)观察完毕后,分别从上述 20 只果蝇中选出小刚毛数最多和次多的雌雄果蝇各 2 只。

(4)把小刚毛数最多的雌雄果蝇各 1 只配成一杂交组合,小刚毛次多的雌雄果蝇各 1 只配成一杂交组合(作备用)。并贴上标签。

(5)把配对好的果蝇放在 20℃ 培养箱中培养,使其交配,3~4 d,待看到适当多的卵后,把亲本果蝇倒去并处死。

(6)下一代成虫羽化后,分别在两个交配组合中随机选取雌雄果蝇各 20 只,同亲代一样观察并记录小刚毛数。

17.4　注意事项

在果蝇的麻醉操作过程中,如何对果蝇进行适度麻醉,如果果蝇的翅膀与身体呈 45°角翘起,表明麻醉过度,不能复苏而死亡。

17.5　作业与思考题

(1)根据统计亲代和子代两组数字,分别以果蝇刚毛数为横坐标,频数为纵坐标绘制频度分布图。

(2)计算刚毛的遗传率。

(3)根据实验的统计结果,作数量性状遗传的详细分析。

实验 **18** 群体平衡定律的应用

18.1　实验目的与原理

1. 目的

学习 PTC 尝味试验与血型遗传方式的调查方法,掌握遗传平衡定律的应用及检验方法。

2. 原理

Hardy-Weinberg 定律是群体遗传学中的基本定律,又称为遗传平衡定律。它的基本含义是指在一个大的附机交配的群体中,在无突变、无任何形式的选择、无迁移、无遗传漂变的情况下,群体中的基因频率和基因型频率可以世代相传不发生变化,并且基因型频率是由基因频率决定的。它推导过程包括 3 个主要步骤:①从亲本到其产生的配子;②从配子结合到产生基因型;③从合子基因型到子代的基因频率。

(1)一对基因的遗传平衡:遗传平衡定律适用于人类,人的许多性状是按孟德尔方式遗传的。假定人类某群体在某基因座上的基因 A 的频率为 p,基因 a 的频率为 q,若群体处于遗传平衡状态,则基因频率和基因型频率保持如下关系:

$$[p(A) + q(a)]^2 = p^2(AA) + 2pq(Aa) + q^2(aa)$$

如发旋的右旋(顺时针,A)和左旋(逆时针,a),由于基因 A 对基因 a 为完全显性,因而不能用表现型观察数值直接算出基因频率。但可以假定该性状处于遗传平衡状态,于是表现型[A](显性性状,它包括 AA 和 Aa 两种基因型)的频率为 $p^2 + 2pq$,而另一种表现型[a](隐性性状,基因型 aa)的频率为 q^2,由此可用下式分别算出 p 和 q:

$$q = (q^2)^{\frac{1}{2}} = [a]^{\frac{1}{2}} \text{ 的频率} \quad p = 1 - q$$

再根据已算出的 p 和 q，推算出各基因型频率，最后算出表现型[A]中纯合体与杂合体的比例。

$P^2 + 2pq + q^2 = 1$ 是一对等位基因的情况下的遗传平衡公式。

此外，人对苯硫尿的尝味能力（PTC 尝味能力）属不完全显性遗传，由一对等位基因 T 和 t 控制。苯硫尿（PTC）是一种白色结晶物质，有苦涩味，对人无毒无副作用。杂合子的表型介于显性纯合子与隐性纯合子之间。能尝出 PTC 苦味者称 PTC 尝味者，基因型为显性基因 TT 纯合子或 Tt 杂合子，不能尝出其苦味者为 PTC 味盲，基因型为隐性基因 tt 纯合子。

PTC 溶液的配制方法、浓度和基因型的关系见附录 3。

（2）复等位基因的遗传平衡：以 ABO 血型为例，设 I^A、I^B、i 基因频率分别为 p、q、r，若群体处于遗传平衡，基因频率与基因型频率有如下关系：

$$[p(I^A) + q(I^B) + r(i)]^2 = p^2(I^A I^A) + q^2(I^B I^B) + r^2(ii)$$
$$+ 2pq(I^A I^B) + 2pr(I^A i) + 2qr(I^B i)$$

由表现型频率可推知基因频率，假定 AA、BB、AB、O 分别表示 A、B、AB、O 型的表现型频率，则有：

$$AA = p^2 + 2pr \quad BB = q^2 + 2qr \quad AB = 2pq \quad O = r^2$$

$$r = (r^2)^{\frac{1}{2}} = O^{\frac{1}{2}} \quad p = 1 - (q + r) = 1 - [(q + r)^2]^{\frac{1}{2}} = 1 - (BB + O)^{\frac{1}{2}}$$

同理，$q = 1 - (AA + O)^{\frac{1}{2}}$。算出基因频率后，即可算出各种血型的理论频率及人数。

18.2　实验用品

1. 材料

血液等。

2. 试剂

0.9% 的生理盐水，标准血清，PTC 溶液（配制方法见附录 3）。

3. 器材

双凹玻片，无菌采血针头，牙签，棉签，70% 的酒精棉球，显微镜，记号笔，计算器，吸管，小试管等。

18.3　实验内容与操作

1. ABO 血型测定

(1)采血:用 70％的酒精消毒无名指末端,用无毒采血器刺破无名指皮肤,用吸管吸取血液一滴加入盛有 0.9％生理盐水的小试管中,轻轻摇匀成红细胞悬液。

(2)取血清:取一洁净的双凹玻片,在其两端分别用记号笔标记抗 A 和抗 B 字样,取抗 A 和抗 B 血清各一滴,滴于相应凹面内。

(3)加血样:分别向抗 A 和抗 B 的凹面内加入红细胞悬液一滴(注意吸管末端不得触及标准血清)。

(4)观察:分别用两根牙签迅速搅匀每一凹面内的液体,室温静置 5～15 min,观察红细胞有无凝集现象(混匀的血滴如逐渐变透明并出现红色颗粒,表明红细胞已凝集。有时红细胞因比重关系下沉团聚,但摇动玻片后仍呈浑浊状,则不算凝集,如分辨困难可在显微镜下观察确定)。

(5)判断标准:

红细胞与抗 A 血清发生凝集为 A 血型;

红细胞与抗 B 血清发生凝集则为 B 血型;

红细胞与抗 A 血清与抗 B 血清中都发生凝集则为 AB 血型;

红细胞与抗 A 血清与抗 B 血清中都不发生凝集则为 O 血型。

(6)对全班学生 A、B、AB、O 血型的人数分别进行调查和统计。

2. PTC 尝味试验

(1)按照从低浓度到高浓度的顺序,每人用吸管吸取 PTC 溶液滴一滴于舌头上,测定自己对 PTC 的尝味能力的阈值。测定标准为:

纯合尝味者:能尝出 1/750 000 浓度溶液的苦味;

杂合尝味者:能尝出 1/50 000 浓度溶液的苦味;

味盲:溶液浓度大于 1/25 000 时,才能尝出苦味;有人甚至对药物结晶也尝不出苦味。

(2)对全班学生 PTC 尝味能力进行调查和统计。

3. 发旋的调查

发旋,即人的头顶稍后方的中线处有一螺纹,其螺纹方向受遗传控制,顺时针方向为显性性状[A],逆时针方向为隐性性状[a]。

将以上各性状的调查统计结果填入表 18-1。

表 18-1　ABO 血型、PTC 尝味能力及发旋性状统计表

项目	ABO 血型				PTC 尝味能力		发旋	
	A	B	AB	O	T	t	A	a
人数								
合计								

4. Hardy-Weinberg 定律的检测

(1)基因频率的计算:根据遗传平衡公式计算出各基因频率,并检验此群体是否处于平衡状态。

(2)基因型频率的计算:用所求得的基因频率,按 Hardy-Weinberg 定律公式计算基因型频率。

(3)求各种基因型个体的理论值:将所求得的基因型频率与班级总人数相乘,即得班级中各基因型个体的预期理论人数。

(4)卡方(χ^2)检验:假设所在班级的群体是一个遗传平衡群体,检测各基因型的理论预期值与实际测得值之间的吻合程度进行验证。可用 χ^2 检验。

18.4　注意事项

测定时,应将 PTC 溶液与蒸馏水反复交替给受试者,以免由于受试者的猜想及其心理作用而影响结果的准确性。

18.5　作业与思考题

(1)计算你所在班级 ABO 血型的基因频率及基因型频率,并检测是否达到了遗传平衡。

(2)计算你所在班级 T 和 t 基因频率及基因型频率,并检测是否达到了遗传平衡。

(3)计算你所在班级 A 和 a 基因频率及基因型频率,并检测是否达到了遗传平衡。

第二部分
遗传学综合性实验

实验 **19** 玉米的有性杂交和杂种的性状分析

19.1 实验目的与原理

1. 目的

理解玉米有性杂交的原理;了解玉米的花器构造,开花习性,授粉,受精等有性杂交知识;掌握玉米或水稻有性杂交技术;进一步验证与加深理解三个基本遗传规律。

2. 原理

植物有性杂交是人工创造新的变异类型最常用的有效方法,也是现代植物育种上卓有成效的育种方法之一。通过将雌雄性细胞结合的有性杂交方式,重新组合基因,借以产生各种性状的新组合,从中选择出最需要的基因型,进而创造出对人类有利的新种。

玉米为单性花雌雄同株的异花授粉作物,具有明显的遗传变异性,由于其杂交技术简便,果穗大、籽粒多而且性状显著,便于遗传分析。经过多年来的研究,人们对它的遗传规律已有较清楚的了解,因此,目前玉米已经被普遍应用于遗传学实验研究。

玉米雄花穗聚集成圆锥形花序,雌花为肉穗花序。玉米的开花,通常是以雄穗散粉和雌穗吐丝为标志的。开花时雄穗先抽出,抽穗后 2～3 d 开始开花,主轴中上部的花先开,然后向顶端和下方延伸,侧枝开花的顺序是自上面下的,全过程约需 7～8 d,又因品种和气候条件而不同。通常以开花后的第 2 天至第 4 天散粉最多,每天散粉时间为上午 5:00～11:00 前后,而以 8:00～10:00 为最盛。花粉的生活力与当时的气候条件密切相关,在 25℃、相对湿度在 80% 左右时,则能保

持 24 h,而在高温干燥条件下,花粉会很快失去生活力。雌蕊花丝(花柱)伸出苞叶后,称为吐丝;通常在果穗基部以上 1/3 处的花丝最先伸出,然后上下部花丝陆续外伸,顶部的最后伸出,一般约 2～5 d 可全部抽齐。花丝一经抽出,其各部位都有受粉能力,这种能力可以保持 10 d 以上,但以第一天至第三天内受粉结实力最强。未受精前的花丝可以不断伸长(可达 40 cm),色泽新鲜,受精后则变为褐色而枯萎。

根据玉米的开花习性可知,雄蕊在始花后的第二至第四天散粉最多,而上午8:00～10:00 的花粉生活力较强,所以这时采集花粉最好。雌蕊在吐丝的第二天至第四天时生活力也较强,这时授粉结实率最高。这种情况,可供人工杂交实践参考。

玉米中作为主要遗传分析对象的是籽粒(颖果)的性状,它包括籽粒的结构、成分、色泽等多方面的差异,例如,属于淀粉层的性状有糯与非糯粒、甜与非甜粒、凹陷与非凹陷等,以及属于果皮性状的马齿与硬粒等,主要受 1 对基因的控制。而籽粒颜色的遗传则较为复杂,如属于淀粉层的黄色或白色,则由 1 对基因控制,属于果皮的红色与花斑(白底红条纹)、棕色与白色等主要为 2 对基因控制的,而属于糊粉层的紫、红、白色等,主要为 7 对基因所控制。鉴别籽粒颜色属于何层时,可先将籽粒加水浸泡后,用镊子或小刀进行分层剖析即可查知。

当用黄粒玉米做父本,白粒玉米做母本进行杂交时,母本植株当代就结出黄色的籽粒,我们把这处黄色在当代就能表现出来的现象叫作当代显性(胚乳直感),造成当代显性的原因主要是由于花粉直接作用于胚乳的结果。进行玉米杂交可选用下列组合方式,以分别验证三个基本遗传规律。

(1)验证分离规律的杂交组合:黄色×白色及其 $F_1 \times F_1$;糯性×非糯性及其$F_1 \times F_1$;甜×非甜及其 $F_1 \times F_1$;凹陷×非凹陷及其 $F_1 \times F_1$(或其他)。

在第二个组合里,对 F_1 花粉的类型在显微镜下用碘液染色直接观察,在两种着色不同的花粉,试以数字统计,其比例如何。

(2)验证自由组合规律的杂交组合:黄色非糯×白色糯性及其 $F_1 \times F_1$;黄色非甜×白色甜及其 $F_1 \times F_1$(或其他)。

(3)验证连锁交换规律的杂交组合:白凹×黄非凹(或其他)。

上述各组合,可同时用双隐性亲本类型进行测交验证。

19.2　实验用品

1. 材料

选用不同类型的玉米品系,包括各种相对性状如黄粒与白粒,甜粒与非甜粒,糯粒与非糯粒,马齿粒与硬粒,凹陷粒与非凹陷粒。同时应选择一块地力均匀、利用空间隔离或时间隔离的试验田。

2. 试剂

70％乙醇。

3. 器材

镊子、小剪刀、玻璃纸袋、牛皮纸袋、大头针、纸牌、铅笔、记录本、酒精棉球。

19.3　实验内容与操作

1. 选择亲本

验证三个基本遗传规律,需要选择表现在籽粒上的相对性状明显的纯系(自交系)作为亲本,如黄粒与白粒,甜粒与非甜粒,糯粒与非糯粒,马齿粒与硬粒,凹陷粒与非凹陷粒。如果材料不纯,须经自交提纯后方可应用。在种植上要注意时间与空间的隔离。

2. 选穗

根据实验设计,选择健壮无病,苞叶露出而没有吐丝的植株。

3. 隔离

需要在雌、雄穗上加套透光防水的硫酸纸袋,以防外来花粉的污染,从而保证实验的准确性。

4. 整穗

当雌穗花丝长出苞叶 3～4 cm 时,雌花发育成熟,由于各朵花吐丝时间不同,苞叶外的花丝可能长短不齐,取下透明袋把花丝修剪成一寸左右,然后继续套上纸袋。同时套袋下口折好,用大头针或回形针把套袋与苞叶别在一起,以防脱落。授粉的前一天下午,选好父本的雄穗,先轻轻抖动除去外来花粉,然后迅速用大袋套住并将袋口折齐别好。

5. 授粉

当雌穗花丝伸出苞叶 3 cm 左右时,为授粉的最适时机,一般在上午 9:00～10:00,先将父本雄穗轻轻弯曲,振击雄穗,使花粉落于袋内,然后取下套袋,将花粉集中在袋内一角。以草帽沿遮住雌穗上方,轻取下雌穗纸袋,将装有花粉的透明纸袋口朝下倾斜,使花粉均匀地倒在母本花丝上,然后立即套上原雌穗纸袋,用大头针连同苞叶一块别好,用小绳将纸轻轻拴在茎上,并在玉米茎上挂上纸牌,注明杂交组合,授粉日期及操作者。

6. 收获

将成熟的杂交果穗连同纸牌一起上交实验室。

7. 杂交结果的分析

将上述各杂交组合所收获的果穗进行观察、鉴别,计算与分析,并用图解表示之。

19.4　注意事项

(1)将杂交亲本与 F_1 同时种植,这样可以在同一时间内观察两世代的遗传表现。

(2)由于同一果穗不同部位的雌花并不处在同一发育阶段,所以需要进行 2～3 次人工授粉以确保授粉完全,授粉 2～3 d 后即可去掉套袋。这里需要注意的是授粉时切勿混入其他植株上的花粉,雄穗的套袋不可连续使用,以免混杂。

(3)每做完一个杂交组合,就用酒精擦手,以杀死花粉,以免造成人为授粉混杂。另外授粉时间要短。

19.5　作业与思考题

(1)植物有性杂交应注意哪些事项?

(2)植物有性杂交在生产中有哪些作用?

(3)写一份玉米有性杂交全过程的观察报告。

实验 20 理化因素诱发染色体畸变的研究

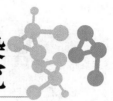

20.1 实验目的与原理

1. 目的

学习物理、化学因素诱发植物染色体变异及产生微核的实验技术,检验诱变剂量与诱变效应的相关性。

2. 原理

理化因素可以引起染色体在数量与结构上发生变化,从而使生物体的性状产生变异。染色体数目变异分为倍数性变异(单倍体和多倍体)和非倍数性变异(非整倍体)。常见的非整倍体包括单体($2n-1$)、三体($2n+1$)、四体($2n+2$)、双三体($2n+1+1$)和缺体($2n-2$)等。常见的结构变异有缺失、重复、易位、倒位等。染色体所产生的变异频率与物理化学因素的剂量相关,因而在致癌畸变物质的检测方面,可以运用染色体畸变分析法和微核测定法。

物理、化学因素诱发植物染色体在数目与结构上的变异,经常能够观察到细胞学变化,有多倍体、有丝分裂中期断片、后期桥及断片、后期落后染色体、环状染色体等,还可导致微核的产生。在减数分裂的前期,还能观察到各种染色体环(缺失环、重复环、倒位圈等),后期还会出现桥及断片(图 20-1)。

微核(micronuclei,MCN)是真核生物细胞中的一种异常结构,在间期呈圆形或椭圆形,游离于主核之外,大小应在主核的 1/3 以下。微核是由有丝分裂后期丧失着丝粒的断片产生,一整条或好几条染色体也能形成。这些断片或染色体在细胞分裂末期被两个子细胞核所排斥,便形成了第三个核块。微核率与用药剂量或辐射累积效应呈正相关,因此可用简易的间期微核计数来代替繁杂的中期染色体畸变计数。目前,国内外不少部门已把微核测试用于辐射损伤、辐射防护、化学诱变剂、新药试验、染色体遗传疾病及癌症前期诊断等各个方面。

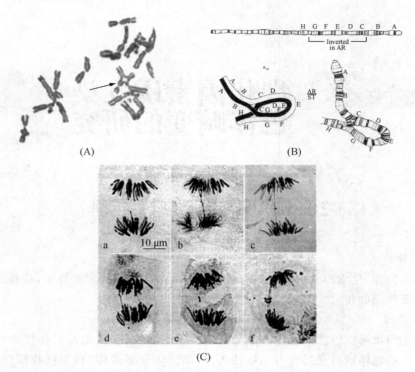

图 20-1　染色体结构变异的部分类型

(A)易位(Lei Fang,2003)　(B)果蝇的倒位圈(Minkof. f,1983)

(C)染色体桥及断片(M. Murata,1979)

a. 正常(对照)　b,c. 单桥　d. 双桥　e. 断片　f. 双桥及双断片

20.2　实验用品

1. **材料**

蚕豆种子。

2. **试剂**

Carnoy 固定液(95％乙醇：冰乙酸＝3：1),1％醋酸洋红,45％冰乙酸,待测污水。

3. **器材**

显微镜,剪刀,镊子,载玻片,盖玻片,吸水纸,电子天平,量筒,冰箱,恒温箱或水浴锅,培养皿,青霉素小瓶,镊子,洗瓶等。

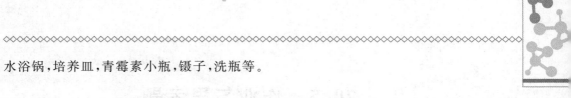

20.3　实验内容与操作

1. 材料处理

(1)物理因素处理蚕豆种子:采用半致死剂量的 ^{60}Co γ 射线处理蚕豆种子,照射后的种子按常规方法发芽、剪根和固定。

(2)化学因素处理蚕豆种子:蚕豆种子按常规方法发芽,待根尖长到 1~2 cm 时,选取 6~8 粒初生根尖生长良好的种子,放入盛有待测污水的培养皿中浸泡根尖。同时,用另一盛有蒸馏水的培养皿处理根尖,作为对照。约 6 h 后,将处理后的种子用蒸馏水浸泡 3 次,每次 2~3 min,然后放入 25℃ 培养箱中恢复培养 22~24 h。

2. 固定材料

洗净根尖,Carnoy 固定液固定 24 h。再放入 95%、80% 乙醇依次脱水,最后换 70% 乙醇冰箱 4℃ 长期保存。

3. 解离

将供试材料根尖放入青霉素小瓶中水洗 3 遍,弃去水。再加入 1 mol·L^{-1} HCl,放入 60℃ 恒温箱解离 10~15 min 后,弃去盐酸,水洗根尖 3 遍。

4. 染色

取一根尖于载玻片上,切取生长点部位,弃去其余部分。加一滴改良苯酚品红染液,边用镊子夹碎边染色 10~15 min,再加上盖玻片。

5. 制片

吸水纸包住盖玻片和载玻片,用镊柄轻敲盖玻片,至材料呈云雾状即可。

6. 镜检

观察细胞中的染色体断片、桥及微核。

20.4　注意事项

注意微核识别标准:在主核大小的 1/3 以下,并与主核分离的小核;小核着色与主核相当或稍浅;小核形态为圆形、椭圆或不规则形。

20.5　作业与思考题

绘出本实验材料经辐照或化学诱变后,染色体畸变(结构变异和数目变异)的各种类型及微核形态特征。

实验 21　人体外周血淋巴细胞培养及染色体制片

21.1　实验目的与原理

1. 目的

学习和掌握人体微量血液体外培养制备染色体标本的方法。

2. 原理

人体的 1 mL 外周血中一般含有 $(1\sim3)\times10^6$ 个小淋巴细胞,通常它们都处于间期的 G_0 和 G_1 期。在培养条件下给予药物刺激时,经过 53~72 h 可在培养物中获得大量的有丝分裂细胞,供染色体标本制备和分析之用。这种外周血培养方法是在 1960 年由 Moorhead 等所建立的。

人体外周血的形成包括红细胞、白细胞、血小板,其中红细胞和血小板不能离体培养。血细胞中的小淋巴细胞处于间期的 G_0 和 G_1 期。在培养时给予药物刺激,可转变为淋巴细胞,随后进行有丝分裂。这样经过 66~72 h 短期培养、秋水仙素处理,低渗和固定,就可获得大量有丝分裂的细胞。这种微量全血培养技术已得到了广泛的应用。

1912 年,Warfter 最先研究人类染色体。1923 年,报道人类染色体的二倍体为 48 条。

细胞遗传学、组织培养技术为人类染色体的研究提供了条件。

技术突破主要在于:

(1)人体外周血淋巴细胞培养和 PHA 的应用:PHA 是从菜豆种子中提取出来的,大量的 PHA 具有凝血作用。如果适合,可刺激细胞转为母细胞,从而进行有丝分裂。

（2）秋水仙素的应用：秋水仙素可阻断纺锤体截止于中期，使染色体个体大，结构清晰，缩短适度，细胞质黏度降低。

（3）低渗处理（水或 0.075 mL KCl）使红细胞胀破，白细胞胀大，染色体空间变大，易伸展，便于观察。

1956 年，J. H. Tjio A. Levan 培养人胚胎组织细胞，计数人体细胞染色体数为 46 条。1960 年，Moorhead 建立人体外周血培养技术，使染色体的研究跃进一步。1968 年，T. U. Caspersson 提出染色体显带技术。

21.2 实验用品

1. 材料

人的外周血淋巴细胞

2. 试剂

RPMI 1640 培养基，植物血凝素（PHA），小牛血清，肝素，双抗，秋水仙素，低渗液：$0.075 \text{ mol} \cdot \text{L}^{-1}$ KCl，卡诺氏固定液，Giemsa 染色液，$0.1 \text{ mol} \cdot \text{L}^{-1}$ 磷酸缓冲液（pH 7.4～7.6）等。$0.1 \text{ mol} \cdot \text{L}^{-1}$ 磷酸缓冲液（pH 7.4～7.6）配制方法如下：

A：$Na_2HPO_4 \cdot 12H_2O$　　28.8 g　　　　B：$Na_2HPO_4 \cdot 7H_2O$　　2.164 g

　　KH_2PO_4　　　　　　　2.67 g　　　　　　$NaH_2PO_4 \cdot 2H_2O$　　0.3 g

　　溶解于 1 000 mL 双蒸水中　　　　　　溶解于 1 000 mL 双蒸水中

3. 器材

2 mL 灭菌注射器，离心机，电子天平，恒温培养箱，除菌滤器，显微镜，酒精灯，载玻片等。

21.3 实验内容与操作

1. 器皿清洗灭菌

清洗：洗衣粉煮、洗液浸泡，流水冲洗，双蒸水冲洗。

灭菌：烘箱干热灭菌 160℃，30 min（玻璃器皿）。

湿灭 15 lb，30 min（药品，KCl，秋水仙素）。

2. 培养基的制备与分装

成分：PRMI1640 80%（培养液：多种氨基酸，维生素，糖，无机盐），小牛血清20%（细胞繁殖促进剂，4℃保存，用前50℃灭活，30 min），PHA 0.04 mg · mL⁻¹，双抗或庆大霉素 100 IU · mL⁻¹。

灭菌：RPMI 1640 经抽滤灭菌。

分装：5 mL/瓶，4℃保存。

3. 接血培养

接血：注射器用肝素湿润后抽静脉血每瓶 0.3 mL，7 号针头 15 滴。

培养：37℃恒温培养 66～72 h，不时摇动。

阻断：收集前 2～4 h 加秋水仙素，使其终浓度为 0.4～0.8 μg · mL⁻¹（7 号针头 2 滴，6 号针头 3 滴）。

4. 细胞悬浮液制备与制片（离心管中操作）

（1）收集细胞：2 000 r · min⁻¹ 10 min，弃上清，用吸管打匀沉淀。

（2）低渗：加入 5 mL 温育的 0.075 mol · L⁻¹ KCl，用滴管轻轻冲打成细胞悬浮液，37℃培养 30 min，使红细胞、血小板破碎，白细胞膨胀。

（3）预固定：加管壁缓缓加入 1 mL 固定液（以免砸碎细胞），静置 5 min。固定液使红细胞破裂后出来的血红蛋白变性，防止白细胞聚集成团。

（4）收集白细胞：2 000 r · min⁻¹，10 min，弃上清。

（5）再固定：加入 5 mL 固定液，静止 30 min，白色絮状物为白细胞。2 000 r · min⁻¹，10 min，弃上清。

（6）制片：加入固定液 0.4 mL，用滴管小心冲打成细胞悬浮液。距4℃预冷的载玻片半米处滴片，每片 2～3 滴，吹片。

（7）干燥：37℃干燥。

（8）染色：用 Geimsa 染色液染色 30 min，然后倒去多余染液，并用蒸馏水轻轻冲洗。

（9）镜检：待稍干后，在显微镜下观察。

21.4　注意事项

（1）培养温度应严格控制在(37±0.5)℃，培养液最适合 pH 为 7.2～7.4。

（2）秋水仙素处理时间过长，分裂细胞多，染色体短小；反之，则少而细长。都不宜观察形态及计数。故秋水仙素的浓度及时间要准确掌握。

（3）低渗使红细胞膜破裂，淋巴细胞膨胀，低渗处理浓度及时间要适当。且低渗后混匀细胞一定要轻，否则引起膜破裂、染色体散失。

（4）离心前配平，离心速度过高，细胞团不易打散；反之，细胞易丢失。

（5）固定液应在使用前临时配制。

（6）载玻片一定要洁净，否则染色体分散不好。

21.5　作业与思考题

选择染色体清晰，分散度好的细胞进行显微摄影，进行核型分析。

实验 22 玉米不同组织 DNA甲基化修饰位点的MSAP 分析

22.1 实验目的与原理

1. 目的

了解表观遗传学的概念和 DNA 胞嘧啶甲基化检测方法,掌握核酸的聚丙烯酰胺凝胶电泳分析技术。

2. 原理

表观遗传学是与遗传学(genetic)相对应的概念。遗传学是指基于基因序列改变所致基因表达水平变化,如基因突变、基因杂合丢失和微卫星不稳定等;而表观遗传学则是指基于非基因序列改变所致基因表达水平变化,如 DNA 甲基化和染色质构象变化等;表观基因组学(epigenomics)则是在基因组水平上对表观遗传学改变的研究。

DNA 甲基化(DNA methylation)是一种常见的 DNA 共价修饰方式,在高等植物中普遍存在。在 DNA 甲基转移酶(DNMTs)的催化作用下,将 S-腺苷甲硫氨酸(SAM)上的甲基基团添加到 5′-CpG-3′双核苷酸序列的胞嘧啶或腺嘌呤上的过程称作 DNA 甲基化。DNA 甲基化主要发生在 CG 或 CNG 基元序列中,5-甲基胞嘧啶是植物 DNA 甲基化的主要形式。DNA 甲基化是表观遗传调控的主要方式之一,许多研究表明 DNA 甲基化参与了植物许多重要的生命进程,其对于调控基因的表达、基因组防御以及细胞生长发育等方面具有重要作用。DNA 甲基化是植物维持正常的生长发育必不可少的。

DNA 甲基化敏感扩增多态性(methylation sensitive amplified polymorphism,

MSAP)是一种检测植物基因组 DNA 甲基化水平和模式的方法,采用对基因组甲基化敏感性不同的两种限制性内切酶 Hpa II 和 Msp I 对 5′-CCGG 位点甲基化进行特异性切割。其基本原理是利用 Hpa II 和 Msp I 分别与 EcoR I 组合对基因组 DNA 进行酶切,然后再加上限制性内切酶接头,然后再根据接头序列设计引物,对 CCGG 位点的甲基化进行特异性扩增。

Hpa II 和 Msp I 都能识别并切割 CCGG 序列,但对该位点胞嘧啶甲基化的敏感性不同,可产生不同的 DNA 切割片段来揭示甲基化位点。Hpa II 不能对 DNA 两条链均甲基化进行酶切,只可以识别未甲基化和仅一条链上的胞嘧啶甲基化;而 Msp I 不能对外侧胞嘧啶甲基化进行酶切,只可以识别未甲基化和 DNA 单链或者是双链上内侧的胞嘧啶甲基化。该方法结合了扩增片段长度多态性(AFLP)的优点,能够有效检测出样品 DNA 中大量的甲基化位点,操作简单、重复性高,已成为检测植物基因组 DNA 甲基化水平和模式的重要方法。基因组 DNA 经 MSAP 技术分析后,通过聚丙烯酰胺凝胶电泳能检测出 3 种甲基化类型:Hpa II 和 Msp I 都有带,表示该位点未发生甲基化或者发生了单链内侧胞嘧啶甲基化,记为 I 型;Hpa II 有带而 Msp I 无带,表示该位点为单链外侧胞嘧啶甲基化,即半甲基化,记为 II 型;Hpa II 无带而 Msp I 有带,表示该位点为双链内侧胞嘧啶甲基化,即全甲基化,记为 III 型,电泳结果示例如图 22-1 所示。

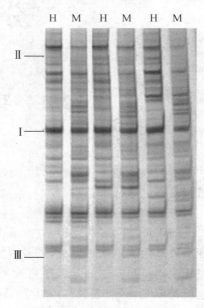

图 22-1　电泳结果示例图

22.2　实验用品

1. 材料

玉米幼苗。

2. 试剂

丙烯酰胺、甲叉双丙烯酰胺、Tris、甘氨酸、过硫酸铵、CTAB、尿素、乙醇、硫基乙醇、TEMED、溴酚蓝、二甲苯青、氯仿、异戊醇、引物(表 22-1)等。

3. 器材

电泳仪,电泳槽,离心机,冰箱,微量移液器。

表 22-1　MSAP 所用引物和接头序列

接头与引物	序列	
接头	*Hpa* Ⅱ/*Msp* Ⅰ (H-M)(5′ to 3′)	*Eco*R Ⅰ (E)(5′ to 3′)
	GATCATGAGTCCTGCT	CTCGTAGACTGCGTACC
	CGAGCAGGACTCATGA	AATTGGTACGCAGTC
预扩增引物	ATCATGAGTCCTGCTCGGT (H0)	GACTGCGTACCAATTCA (E0)
	ATCATGAGTCCTGCTCGGTCG (H1)	GACTGCGTACCAATTCAAC (E1)
	ATCATGAGTCCTGCTCGGTGC (H2)	GACTGCGTACCAATTCAAG (E2)
	ATCATGAGTCCTGCTCGGTGA (H3)	GACTGCGTACCAATTCACT (E3)
	ATCATGAGTCCTGCTCGGTAG (H4)	GACTGCGTACCAATTCATC (E4)
选择性扩增引物	ATCATGAGTCCTGCTCGGTCT (H5)	GACTGCGTACCAATTCACC (E5)
	ATCATGAGTCCTGCTCGGTTC (H6)	GACTGCGTACCAATTCACG (E6)
		GACTGCGTACCAATTCAGG (E7)
		GACTGCGTACCAATTCAGA (E8)
		GACTGCGTACCAATTCAGT (E9)
		GACTGCGTACCAATTCAGC (E10)
		GACTGCGTACCAATTCACA (E11)

22.3　实验内容与操作

1. DNA 的提取及检测

(1)DNA 的提取:玉米不同组织 DNA 的提取采用改良的 CTAB 法。

①取 0.1 g 冷冻的玉米组织,加入液氮迅速研磨至粉末状,加入 800 μL 65℃ 预热的 2×CTAB 提取缓冲液,混匀后,65℃ 水浴 30 min,4℃ 12 000 r·min⁻¹ 离心 10 min。

②取上清液,加入等体积 Tris 饱和酚:氯仿:异戊醇(25:24:1),混匀后,静置 10 min,4℃ 12 000 r·min⁻¹ 离心 10 min。

③再吸取上清液,加入等体积氯仿:异戊醇(24:1),混匀后,静置 10 min,4℃ 12 000 r·min^{-1} 离心 10 min。

④取上清液,加入 1/10 体积的 3 mol·L^{-1} 的 NaAc、2 倍体积预冷的无水乙醇。

⑤−20℃静置 30 min,12 000 r·min^{-1} 离心 10 min。

⑥70%乙醇洗沉淀 2 次,室温晾干,加入适量 TE 缓冲液溶解。

(2)DNA 的检测

①DNA 纯度和浓度的检测:采用紫外分光光度计测其在 260 nm 和 280 nm 处的吸光值,计算 OD$_{260}$/OD$_{280}$ 的比值以检测 DNA 的纯度,然后根据 OD$_{260}$ 计算 DNA 的浓度。

$$DNA 浓度 = OD_{260} \times 0.05 \times 稀释倍数 \quad (单位:μg/μL)$$

②DNA 完整性的检测:采用 0.8%琼脂糖胶电泳检测,电泳结果拍照保存。

2.MSAP 体系的建立

(1)DNA 酶切、连接:用 $EcoR$ I/Msp I 和 $EcoR$ I/Hpa II 对提取的 DNA 进行酶切,酶切反应体系(20 μL)为:500 ng 模板 DNA,5 U $EcoR$ I,10 U Hpa II (或 Msp I),2 μL 10×T buffer,2 μL 0.1% BSA。反应混合液在 37℃保温 4 h,然后 65℃灭活 10 min 备用。

向上述反应液中,加入连接反应体系(20 μL):350 U T4 DNA 连接酶(Takara),5 pmol $EcoR$ I 接头,50 pmol Hpa II/Msp I 接头,2 μL 10×T4 DNA Ligase Buffer。16℃,连接过夜,产物稀释 10 倍后备用。

(2)PCR 扩增:预扩增反应体系 25 μL,包括酶连产物稀释液 3 μL,10×PCR Buffer 2.5 μL,10 mmol·L^{-1} dNTPs 0.5 μL,预扩增引物 E0 和 H0 各 10 μmol,1 U Taq DNA polymerase。以 94℃ 30 s,56℃ 1 min,72℃ 1 min 循环 20 次。扩增产物稀释 20 倍备用。除引物 3′末端添加 2 个选择性碱基外,选择性扩增反应体系同预扩增体系。PCR 程序为 94℃ 30 s,65℃(每个循环下降 0.7℃)30 s,72℃ 1 min,共 12 个循环;接着 94℃ 30 s,56℃ 30 s,72℃ 1 min,25 个循环。

3.聚丙烯酰胺凝胶电泳及银染

选择性扩增产物用 6%的聚丙烯酰胺凝胶电泳进行分离。电泳缓冲液为 1× TBE,用 1 000 V 的电压 70 W 的预电泳 10 min 后,将扩增产物加入 1/3 体积的上样缓冲液(98%甲酰胺,10 mmol·L^{-1} EDTA,0.1%溴酚蓝,0.1%二甲苯腈)中,95℃变性 5 min,每个样品取 3 μL 上样,80 W 恒定功率电泳 2 h。

4.聚丙烯酰胺凝胶电泳的染色方法

(1)固定:0.5%(体积分数)冰乙酸、10%(体积分数)乙醇的溶液浸泡 3 min。

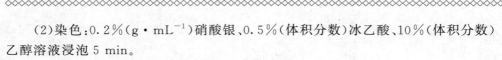

（2）染色：0.2％（g·mL⁻¹）硝酸银、0.5％（体积分数）冰乙酸、10％（体积分数）乙醇溶液浸泡 5 min。

（3）漂洗：Milli-Q 超纯水分别漂洗 20 s 和 2 min。

（4）显影：0.5％（体积分数）32％（体积分数）甲醛、3％（g·mL⁻¹）氢氧化钠显色至满意为止。

（5）显色结果采用凝胶成像系统拍摄照片。

22.4　注意事项

（1）DNA 提取的质量会直接影响后续的酶切试验，需要注意 DNA 的提取步骤，以便获得高质量的 DNA。

（2）硝酸银染色过程中需要避光。

22.5　作业与思考题

（1）绘出各种不同组织样品的 MSAP 图谱，并说明图谱差异。

（2）MSAP 的原理是什么？ 如何分析 MSAP 电泳图？

实验  23 人类ABO血型的基因型检测

23.1 实验目的与原理

1. 目的

了解 ABO 血型的遗传学原理,掌握在 DNA 水平上鉴定 ABO 基因型的基本原理和操作过程。

2. 原理

ABO 血型抗原是由 I^A、I^B、i 基因编码的特异性糖基转移酶催化合成的红细胞膜表面的糖蛋白和糖脂。ABO 基因座位于第九号染色体上,其 3 个等位基因 I^A、I^B、i 形成 4 种主要的血型 A、B、AB 和 O。其中 A 血型的基因型为 $I^A I^A$ 或 $I^A i$,B 血型的基因型为 $I^B I^B$ 或 $I^B i$,AB 血型的基因型为 $I^A I^B$,O 血型的基因型为 ii。

I^A 基因与 I^B 基因之间在 cDNA 上有 7 个单碱基替换:A294G、C523G、C654T、G700A、C793A、G800C 和 G927A。i 基因与 I^A 基因相比只是 cDNA 的第 258 位的胞嘧啶缺失,出现框移突变,使第 352 位的 TTA 变成了 TAA(终止密码子),提前终止了转移酶的合成,导致合成的转移酶没有活性区,所以在红细胞膜上没有 A、B 抗原的产生。

根据 genebank 上公布的 I^A、I^B、i 基因序列设计引物,扩增 ABO 糖基转移酶基因中的 2 个区段。引物序列为:

引物1:5′-CACCGTGGAAGGATGTCCTC-3′

引物2:5′-AATGTCCACAGTCACTCGCC-3′

引物3:5′-GTGGAGATCCTGACTCCGCTG-3′

引物 4:5′-CACCGACCCCCCGAAGAA-3′

用 1、2 引物进行 PCR 扩增,等位基因 I^A、I^B 产物为 200 bp,等位基因 i(258 位 G 缺失)产物为 199 bp。经限制性内切酶 Kpn Ⅰ 消化后,i 基因 PCR 产物(199 bp)被切成 171 bp 和 28 bp 两个片段;I^A、I^B 基因 PCR 产物(200 bp)因不含该酶切位点,依然是 200 bp。

用 3、4 引物进行 PCR 扩增,等位基因 I^A、I^B、i 的产物均为 159 bp。经限制性内切酶 Alu Ⅰ 消化后,I^B 基因 PCR 产物(159 bp)被切成 118 bp 和 41 bp 两个片段;I^A、i 基因 PCR 产物(159 bp)因不含该酶切位点,依然是 159 bp。结果见表 23-1。

表 23-1 酶切结果

基因	1,2 引物产物 Kpn Ⅰ 酶切	3,4 引物产物 Alu Ⅰ 酶切
I^A	200	159
I^B	200	118+41
i	171+28	159

23.2 实验用品

1. 材料

带有毛囊的头发。

2. 试剂

蛋白酶 K、Triton X-100、TKM 液、10%SDS、DTT、饱和 NaCl、95%冰乙醇、TE 缓冲液、10×PCR buffer、Taq DNA Polymerase、10×Easy Taq DNA Polymerase Buffer、dNTP、Kpn Ⅰ、10×Buffer Kpn Ⅰ(with BSA)、Alu Ⅰ、10×Buffer Alu Ⅰ(with BSA)、DNA Marker。

3. 器材

PCR 扩增仪、电泳仪和电泳槽、微型移液器、恒温水浴锅、凝胶成像系统等,离心管、PCR 管、移液器枪头等。

23.3　实验内容与操作

1. 材料准备

收集志愿者带有毛囊的头发 6～7 根,用无水乙醇清洗、蒸馏水漂洗后,自然风干待用。每根头发取毛根 0.5 cm,剪为两段,分别放入至 0.2 mL 离心管中。

2. DNA 提取

DTT-TKM-TritonX-100 抽提法。每管样品加入 200 μL TKM 液,混匀,加 1 滴 TritonX-100,混匀,6 000 r·min^{-1} 离心 5 min,弃上清液。将沉淀溶于 40 μL TKM 液,加 3 μL 10% SDS,4 μL 蛋白酶 K(0.2 g·L^{-1}),4 μL DTT(4 mol·L^{-1}),剧烈混匀,55℃ 水浴 5 min。加入 15 μL 饱和 NaCl(6 mol·L^{-1}),混匀,13 000 r·min^{-1} 离心 5 min。转移上清液约 40 μL 至另一管中,加 2.5 倍体积 95% 冰乙醇,−20℃,30 min。13 000 r·min^{-1} 离心 10 min,弃上清液,加 75% 冰乙醇洗 1 次,干燥,溶于 100 μL TE,置 −20℃ 保存。

3. 扩增反应

每组同学各取 2 个 PCR 管,分别向其中加入 PCR 缓冲液 10×buffer 2.5 μL,模板 DNA 3.0 μL,每种引物各 1.25 μL(其中一号管加引物 1、2,2 号管加引物 3、4),每种 dNTP 为 0.5 μL,双蒸水 ddH$_2$O 16.2 μL,加入 0.3 μL TaqDNA 聚合酶后,置 PCR 热循环仪中扩增。两套 PCR 反应体系均为 25 μL。两反应管同时采用同一扩增参数,即 94℃ 变性 5 min,94℃ 变性 50 s,60℃ 退火 30 s,72℃ 延伸 60 s,35 次循环,72℃ 延伸 10 min,4℃ 保温。

4. 酶切反应

引物 1/引物 2 和引物 3/引物 4 扩增的 DNA 特异片段,分别用限制性内切酶 *Kpn* I 和 *Alu* I 酶切。取 2 支离心管,分别加入 15 μL PCR 扩增产物反应液,2 μL 10×buffer,*Alu* I 或 *Kpn* I 各 5 U(0.5 μL),无菌双蒸水(2.5 μL)补至 20 μL,置 37℃ 酶切反应过夜。

5. 电泳检测

将酶切产物在 3% 的琼脂糖凝胶中电泳,经 EB 染色后观察结果并照相。

23.4　注意事项

(1)提取 DNA 时,每管中的头发均取应自同一个体。

（2）操作时应小心加样顺序。

23.5 作业与思考题

给出实验结果并进行分析。

实验 24 水稻总RNA的提取及RT-PCR扩增基因

24.1　实验目的与原理

1. 目的

对提取的完整 RNA 进行体外转录,并应用 PCR 手段进行大量扩增,说明某种基因在体内的表达情况。

2. 原理

RNA 是一类极易降解的分子,要得到完整的 RNA,必须最大限度地抑制提取过程中内源性及外源性核糖核酸酶对 RNA 的降解。高浓度强变性剂异硫氰酸胍可溶解蛋白质,破坏细胞结构,使核蛋白与核酸分离,失活 RNA 酶,所以 RNA 从细胞中释放出来时不被降解。细胞裂解后,除了 RNA,还有 DNA、蛋白质和细胞碎片,通过酚、氯仿等有机溶剂处理得到纯化、均一的总 RNA。

RT-PCR 是将 RNA 的反转录(RT)和 cDNA 的聚合酶链式扩增(PCR)相结合的技术。首先经反转录酶的作用从 RNA 合成 cDNA,再以 cDNA 为模板,扩增合成目的片段。RT-PCR 技术灵敏而且用途广泛,可用于检测细胞中基因表达水平,细胞中 RNA 病毒的含量和直接克隆特定基因的 cDNA 序列。作为模板的RNA 可以是总 RNA、mRNA 或体外转录的 RNA 产物。RT-PCR 用于对表达信息进行检测或定量。另外,这项技术还可以用来检测基因表达差异或不必构建cDNA 文库克隆 cDNA。RT-PCR 比其他包括 Northern 印迹、RNase 保护分析、原位杂交及 S1 核酸酶分析在内的 RNA 分析技术,更灵敏,更易于操作。

RT-PCR 是将 RNA 的反转录(RT)和 cDNA 的聚合酶链式扩增(PCR)相结

合的技术。首先经反转录酶的作用从 RNA 合成 cDNA,再以 cDNA 为模板,扩增合成目的片段。RT-PCR 技术灵敏而且用途广泛,可用于检测细胞中基因表达水平,细胞中 RNA 病毒的含量和直接克隆特定基因的 cDNA 序列。作为模板的 RNA 可以是总 RNA、mRNA 或体外转录的 RNA 产物。无论使用何种 RNA,关键是确保 RNA 中无 RNA 酶和基因组 DNA 的污染。

24.2　实验用品

1. 材料

水稻叶片。

2. 试剂

无 RNA 酶灭菌水:用将高温烘烤的玻璃瓶(180℃　2 h)装蒸馏水,然后加入 0.01% 的 DEPC(体积/体积),处理过夜后高压灭菌;75% 乙醇:用 DEPC 处理水配制 75% 乙醇,(用高温灭菌器皿配制),然后装入高温烘烤后的玻璃瓶中,存放于低温冰箱;Trizol 提取液;氯仿;异丙醇;RNasin,10×Buffer,dNTPs,Taq 酶,引物,DNA marker 等。

3. 器材

研钵,冷冻台式高速离心机,低温冰箱,冷冻真空干燥器,紫外检测仪,电泳仪,电泳槽。

24.3　实验方法与步骤

(1)取水稻叶片 0.2 g 在液氮中磨成粉末后,再以 50~100 mg 组织加入 1 mL Trizol 液研磨,注意样品总体积不能超过所用 Trizol 体积的 10%。

(2)研磨液室温放置 5 min,然后以每 1 mL Trizol 液加入 0.2 mL 的比例加入氯仿,盖紧离心管,用手剧烈摇荡离心管 15 s。

(3)取上层水相于一新的离心管,按每毫升 Trizol 液加 0.5 mL 异丙醇的比例加入异丙醇,室温放置 10 min,12 000 g 离心 10 min。

(4)弃去上清液,按每毫升 Trizol 液加入至少 1 mL 的比例加入 75% 乙醇,涡旋混匀,4℃ 下 7 500 g 离心 5 min。

(5)小心弃去上清液,然后室温或真空干燥 5~10 min,注意不要干燥过分,否

则会降低 RNA 的溶解度。然后将 RNA 溶于水中,必要时可 55～60℃水溶 10 min。RNA 可进行 mRNA 分离,或贮存于 70%乙醇并保存于−70℃。

(6)把 DEPC 处理过的离心管置于冰上,分别加入模板 RNA 2 μL,Olig (dT)$_{18}$ 1 μL,DEPC 水 2 μL。混匀,70℃水浴中放置 2 min,立即放置到冰上 2 min。然后在冰上依次加入 RNasin 0.5 μL,M-MLV 1 μL,5×buffer 2 μL,10 mmol/L dNTP 1.5 μL。42℃,水浴中反应 90 min。72℃,10 min,终止反应。加入 15 μL 的 DEPC 灭菌水,使总体积达到 25 μL。

(7)在灭菌的 PCR 管中加入以下成分,形成 PCR 反应体系

10×buffer	2.5 μL
dNTP(2.5 mmol·L^{-1})	2 μL
RT-PCR 产物	5 μL
Taq 酶	0.5 μL
上游引物(10 μmol·L^{-1})	0.5 μL
下游引物(10 μmol·L^{-1})	0.5 μL
灭菌 ddH$_2$O 加到 25 μL	

(8)按照下列条件进行 PCR 反应

94℃	5 min
94℃	30 s
55℃	30 s } 30 个循环
72℃	1 min
72℃	10 min

(9)在制备好的琼脂糖凝胶泳道中加入适量的 PCR 产物(需和上样缓冲液混合,10～20 μL),其中一个泳道中加入 DNA marker,接通电源进行电泳,按 2 V·cm^{-1} 的电压电泳 15～30 min。

(10)电泳结束后,取出琼脂糖凝胶,轻轻地置于凝胶成像仪上或紫外透射仪上成像。根据 DNA 分子量标准估计扩增条带的大小,将电泳结果形成电子文件存档或用照相系统拍照。

24.4　注意事项

(1)倒胶时把握好胶的温度,不要高于 60℃,否则温度太高会使制板变形。

(2)点样时枪头下伸,点样孔内不能有气泡,缓冲液不要太多。

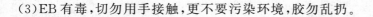

（3）EB 有毒，切勿用手接触，更不要污染环境，胶勿乱扔。

24.5　作业与思考题

（1）对克隆基因过程中电泳图进行拍照分析，并对图片中的条带进行描述。
（2）对于未知序列的基因来说，能否使用 RT-PCR 进行基因的克隆和操作。

实验 25 外源基因在原核细胞中表达和检测

25.1 实验目的与原理

1. 目的

了解外源基因在原核细胞中表达的基本原理和 SDS-PAGE 的制备及其分离原理,掌握利用异丙基-β-D-半乳糖苷(IPTG)诱导外源基因的表达。

2. 原理

将外源基因插入合适载体后导入大肠杆菌用于表达大量蛋白质的方法称为原核表达。外源基因克隆在含有 lac 启动子的表达系统中。先让宿主菌生长,lac I 产生的阻遏蛋白与 lac 操纵基因结合抑制下游的外源基因转录。宿主菌正常生长。向培养基中加入诱导物 IPTG,阻遏蛋白不能与操纵基因结合,则 DNA 外源基因大量转录并高效表达,表达的蛋白可经 SDS-PAGE 检测。

SDS 是一种很强的阴离子表面活性剂,它能破坏蛋白质分子之间以及其他物质分子之间的非共价键。在强还原剂如巯基乙醇或二硫苏糖醇的存在下,可以断开二硫键破坏蛋白质的四级结构。使蛋白质分子解聚成肽链形成单链分子。解聚后的蛋白质分子与 SDS 充分结合形成带负电荷的蛋白质-SDS 复合物,蛋白质分子结合 SDS 阴离子后所带的负电荷大大超过了蛋白质分子原有的电荷量,这就消除了不同蛋白质分子之间原有的电荷差异,蛋白质-SDS 复合物在溶液中的形状像一个长椭圆棒。椭圆棒的短轴对不同的蛋白质亚基-SDS 复合物基本上是相同的(约 18 μm),但长轴的长度则与蛋白质分子量的大小成正比,因此这种复合物在 SDS-PAGE 系统中的电泳迁移率不再受蛋白质原有电荷的影响,而主要取决于椭圆棒的长轴长度即蛋白质及其亚基分子质量的大小。当蛋白质的分子质量在15~200 kD之间时,电泳迁移率与分子量的对数呈线性关系。由此可见,SDS-PAGE不仅可以分离鉴定蛋白质,而且可以根据迁移率大小测定蛋白质亚基的分子质量。

25.2　实验用品

1. 材料

大肠杆菌DH-5α菌株[含质粒pUC19与pET30a(原核表达载体)],大肠杆菌DH-5α菌株(空载体)及BL21(用于原核表达)。

2. 试剂

LB培养基,100 mg·mL^{-1} IPTG,100 mg·mL^{-1}氨苄青霉素。

3. 器材

旋涡混合器,微量移液器(10、100、1 000 μL),移液器吸头,1.5 mL微量离心管,台式冷冻离心机,制冰机,恒温摇床,分光光度计,超净工作台,恒温培养箱,三角烧瓶,接种环,培养皿。

25.3　实验内容与操作

1. 质粒DNA的提取

(1)分别将含有质粒pUC19与pET30a的DH-5α菌种接种在LB固体培养基(含60 μg·mL^{-1} Amp)中,37℃培养过夜。用无菌牙签挑取单菌落接种到5 mL LB液体培养基(含60 μg·mL^{-1} Amp与50 μg·mL^{-1} Kan)中,37℃振荡培养至对数生长后期。

(2)取1.5 mL培养液倒入1.5 mL eppendorf管中,4℃下12 000 r·min^{-1}离心30 s。

(3)弃上清液,将管倒置吸水纸上,使液体流尽。

(4)加入100 μL溶液Ⅰ,剧烈振荡,重新悬浮菌体沉淀,室温下放置5~10 min。

(5)加入200 μL新配制的溶液Ⅱ,温和混匀,置冰浴上5 min。

(6)加入150 μL预冷的溶液Ⅲ,温和混匀,冰浴5~10 min。

(7)12 000 r·min⁻¹ 离心 10 min。

(8)将上清液倒入干净的 1.5 mL eppendorf 管,加入等体积(约 450 μL)酚/氯仿(1∶1),振荡混匀,12 000 r·min⁻¹ 离心 5 min。

(9)将上层水相移入干净的 1.5 mL 的 eppendorf 管,加入 2.5 倍体积(约 1 mL)预冷无水乙醇,振荡混匀后置−20℃冰箱中 20 min,然后 12 000 r·min⁻¹ 离心 10 min。

(10)彻底弃去上清液,沿壁加 70%乙醇 1 mL 漂洗沉淀(可颠覆 eppendorf 管 2 次),立即倒去上清液,自然干燥。

(11)将沉淀溶于 40 μL TE 缓冲液(pH 8.0,含 20 μg·mL⁻¹ 的 RNaseA)中,42℃或 37℃保温 30 min,储于−20℃冰箱中。

2. 目的基因的克隆

提取植物基因组 DNA 或者使用含有目的基因片段的载体 pUC19;然后 PCR 扩增。

3. 酶切

参照 TAKARA 双酶切体系,用 *Hind* Ⅲ、*Eco*R Ⅰ 双酶切上面所得 PCR 产物和质粒 DNA-pET30a。

4. 回收测定

回收相应片段,用核酸蛋白分析仪测定浓度。

5. 连接

按载体与插入片段(摩尔比)1∶3 的比例混合,2.5 μL T4 DNA Ligase Buffer,1 μL DNA Ligase 并用 ddH₂O 补足连接体系至 25 μL。16℃过夜连接。

6. 转化

转化大肠杆菌 BL21,并检测菌落 PCR。

7. 提取

提取重组质粒,−20℃保存备用。

8. 目的蛋白的表达

(1)将含有重组质粒的 BL21 菌种接种在 LB 固体培养基(含 50 μg·mL⁻¹ Kan)中,37℃培养过夜。用无菌牙签挑取单菌落接种到 5 mL LB 液体培养基(含 60 μg·mL⁻¹ Amp)中,37℃振荡培养至对数生长后期。

(2)将该菌悬液以 1∶(50～100)比例接种于 20 mL LB(含 60 μg·mL⁻¹ Amp)液体培养基中,37℃振荡培养 2～3 h 至 OD₆₀₀＝0.5 左右。

(3)取 1.5 mL 菌液作为对照,−20℃保存。

(4)剩余样品加入 IPTG,使其终浓度为 0.5 mmol·L⁻¹,37℃振荡培养 12 h,

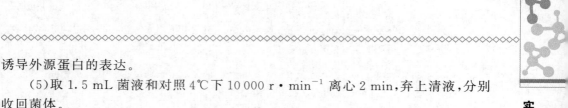

诱导外源蛋白的表达。

(5)取 1.5 mL 菌液和对照 4℃下 10 000 r · min⁻¹ 离心 2 min,弃上清液,分别收回菌体。

(6)将沉淀悬于 20 μL 上样缓冲液,100℃加热 5 min,立即放入冰浴。

(7)取 5～15 μL 进行 10% SDS 聚丙烯酰胺凝胶检测。

9. 目的蛋白的检测

(1)凝胶制备。分离胶和浓缩胶按表 25-1 中的配方进行制备。

(2)凝胶检测。

(3)染色、脱色。电泳结束后,在摇床上染色 0.5～1 h,然后脱色 1 h,观察目的蛋白的表达。

25.4　注意事项

(1)表达菌的生长至 $OD_{600}=0.5$ 左右为诱导最适条件,避免菌生长过浓。

(2)配胶时注意充分混匀后加入玻璃板中,充分凝固后再使用。

表 25-1　分离胶和浓缩胶配方

凝聚组分	10%分离胶(5 mL)	5%浓缩胶(2 mL)
水	1.9	1.4
30%丙烯酰胺混合液	1.7	0.33
1 mol · L⁻¹Tris(pH 6.8)		0.25
1.5 mol · L⁻¹Tris(pH 8.8)	1.3	
10%SDS	0.05	0.02
10%过硫酸铵	0.05	0.02
TEMED	0.002	0.002

25.5　作业与思考题

(1)简述原核表达目的蛋白的基本原理。

(2)简述 SDS-PAGE 电泳的基本原理。

实验 26　木霉纤维素基因的克隆和真核表达

26.1　实验目的与原理

1. 目的

学习并掌握基因克隆的步骤和方法,了解酵母表达系统作为一种外源蛋白表达系统的优点。

2. 原理

酵母是一种单细胞低等真核生物,培养条件普通,生长繁殖速度迅速,能够耐受较高的流体静压,用于表达基因工程产品时,可以大规模生产,有效降低了生产成本。酵母表达外源基因具有一定的翻译后加工能力,收获的外源蛋白质具有一定程度上的折叠加工和糖基化修饰,性质较原核表达的蛋白质更加稳定,特别适合于表达真核生物基因和制备有功能的表达蛋白质。某些酵母表达系统具有外分泌信号序列,能够将所表达的外源蛋白质分泌到细胞外,因此很容易纯化。

应用酵母表达系统生产外源基因的蛋白质产物时也有不足之处,如产物蛋白质的不均一、信号肽加工不完全、内部降解、多聚体形成等,造成表达蛋白质在结构上的不一致。解决内部降解的方法有三:一是在培养基中加入富含氨基酸和多肽的蛋白胨或酪蛋白水解物,通过增加酶作用底物来缓解蛋白水解作用;二是将培养基的 pH 调成酸性(酵母可在 pH 3.0～8.0 的范围内生长),以抑制中性蛋白酶的活性;三是利用蛋白酶缺失酵母突变体进行外源基因的表达。另外,还时常遇到表达产物的过度糖基化情况。因此,表达系统应根据具体情况作适当的改进。

26.2　实验用品

1. 材料

木霉,酵母 GS115 菌株,pPICZαA 质粒(图 26-1)。

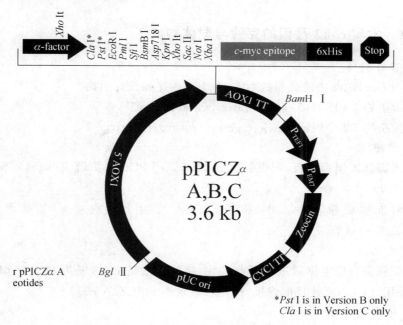

图 26-1　pPICZaA 质粒图谱

2. 试剂

DNA 提取液:0.2 mol · L^{-1} Tris-HCl(pH 7.5),0.5 mol · L^{-1} NaCl,0.01 mol · L^{-1} EDTA,2% CTAB,3 mol · L^{-1} NaAc,TE:10 mmol · L^{-1} Tris-HCl (pH 8.0),1 mmol · L^{-1} EDTA,酚(pH8.0):氯仿:异戊醇(25:24:1),氯仿:异戊醇(24:1),无水乙醇,75% 乙醇,RNaseA。DNA 连接酶,Buffer,大肠杆菌,LB 培养基。YPD 培养液:Yeast extract 10 g,Peptone 20 g,Glucose 20 g,溶解于 1 L ddH$_2$O 中。YSD 培养液:Yeast Nitrogen Base 6.7 g,Glucose 20 g,Leucine 200 mg,Adenine 100 mg,Inositol 200 mg,溶解于 1 L ddH$_2$O 中,NaOH 调 pH 为 6.5,112℃灭菌 20 min。

3. 器材

凝胶电泳系统,水浴锅,电泳仪,电泳槽,摇床,培养箱。

26.3　实验方法与步骤

26.3.1　木霉 *cbh*2 基因的克隆与载体构建

1. 设计引物

根据 GenBank 中已公布的木霉 *cbh*2 基因序列设计引物。

上游引物 L1 序列:5′-atgaatgattgtcggcatteteacc3′

下游引物 L2 序列:5′atgcggccgcttacaggaacgatgggtttge-3′

2. 扩增

以木霉基因组为模板,利用引物 L1、L2,采用 PCR 法扩增获得 *cbh*2 基因。

3. 酶切

同时提取质粒 pPICZaA,采用 *Eco*R Ⅰ、*Not* Ⅰ 分别对 *cbh*2 基因和质粒 pPICZαA 进行双酶切。

4. 纯化

经琼脂糖凝胶电泳后进行回收纯化,将酶切后的 *cbh*2 基因和质粒 pPICZαA 混合,采用 T4 DNA 连接酶连接,构建表达载体 pPICZαA-*ebh*2。

5. 转化

将表达载体 pPICZαA-*ebh*2 转入 *E.coli*. DH5a 感受态细胞,对通过抗性培养基筛选的阳性克隆进行质粒提取,采用双酶切鉴定。

6. 提取

提取重组后载体 pPICZαA-*ebh*2,为了防止载体质粒 DNA 的自身环化,用小牛肠碱性磷酸酶(CIP)处理酶切后的质粒 DNA,具体操作如下:

(1)建立反应体系:

线性化的质粒	35 μL
10×CIP buffer	4 μL
CIP	1 μL
ddH$_2$O	5 μL
总共	45 μL

（2）在 PCR 仪上控制反应温度（加石蜡油封闭），37℃，15 min；50℃，15 min；56℃，30 min（灭活）。

（3）在 56℃未开始前停止，加入 proteinse K，用于灭活 CIP，加入试剂如下：

反应物	45 μL
10×5% SDS	7 μL
10×EDTA (pH 8.0)	7 μL
proteinse K	5 μL
ddH$_2$O	6 μL
总共	70 μL

（4）使用 DNA 纯化试剂盒纯化目的载体，20 μL 灭菌 ddH$_2$O 洗脱纯化产物。

26.3.2 毕赤酵母电转化方法

（1）挑取酵母单菌落，接种至含有 5 mL YPD 培养基的 50 mL 三角瓶中，30℃、250～300 r·min^{-1} 培养过夜。

（2）取 100～500 μL 的培养物接种至含有 500 mL 新鲜培养基的 2 L 三角摇瓶中，28～30℃，250～300 r·min^{-1} 培养过夜，至 OD$_{600}$ 达到 1.3～1.5。

（3）将细胞培养物于 4℃，1 500 g 离心 5 min，用 500 mL 的冰预冷的无菌水将菌体沉淀重悬。

（4）按步骤 3 离心，用 250 mL 的冰预冷的无菌水将菌体沉淀重悬。

（5）按步骤 3 离心，用 20 mL 的冰预冷的 1 mol·L^{-1} 的山梨醇溶液将菌体沉淀重悬。

（6）按步骤 3 离心，用 1 mL 的冰预冷的 1 mol·L^{-1} 的山梨醇溶液将菌体沉淀重悬，其终体积约为 1.5 mL。

（7）备注：可将其分装为 80 μL 一份的包装冷冻起来，但会影响其转化效率（2 周之内）。

（8）将 5～20 μg 的线性化 DNA 溶解在 5～10 μL TE 溶液中，与 80 μL 的上述步骤 6 所得的菌体混匀，转至 0.2 cm 冰预冷的电转化杯中。

（9）将电转化杯冰浴 5 min。

（10）根据电转化仪提供的资料，参考其他文献及多次摸索，确定合适的电压、电流、电容等参数，按优化的参数，进行电击。

（11）电击完毕后，加入 1 mL 冰预冷的山梨醇溶液将菌体混匀，转至 1.5 mL 的 EP 管中。

（12）将菌体悬液涂布于 MD 或 RDB 平板上，每 200～600 μL 涂布一块平板。

(13)将平板置于 30℃培养,直至单个菌落出现。

推荐:电压 1.5 kV;电容 25 μF;电阻 200 Ω。电击时间为 4~10 ms。

26.3.3 重组酵母的筛选鉴定和纤维素酶表达

(1)取 1 mL 菌液 12 000 r·min^{-1} 离心 2 min,收集菌体,500 μL PBS 重悬两次,100 μL 无菌水溶解,沸水浴 10 min,−80℃冷冻 10 min,再沸水浴 10 min 后立即涡旋震荡 1 min,12 000 r·min^{-1} 离心 2 min 取上清液做 PCR。

(2)挑取经过 PCR 鉴定的重组菌到 YSD(不含尿嘧啶)培养 24 h,更换培养基到 YPD 中进行发酵 96 h。分别取上清液测定酶活。进一步分析表达的纤维素酶是否残留在细胞内,将重组菌体进行细胞破壁,方法如下:取 300 mL 菌液加入 500 mL 干净离心杯管中,5 000~6 000 g 离心 5 min,细胞沉淀用 100 mL 破菌缓冲液重悬,再离心清洗 1 次,倒去上清液,细胞沉淀用冰预冷的破菌缓冲液重悬,定容至 30 mL,在 2 mL 干净 eppendorf 管中加入 1 mL 重悬液,分装 30 管,每管加入 300 μL 酸洗玻璃珠,涡旋振荡 1 min,然后冰浴 1 min,如此重复 10 次。4℃ 12 000 r·min^{-1} 离心 10 min,取上清液测酶活及检测。

(3)加入 900 μL,50 mmol·L^{-1} pH 5.0 的醋酸缓冲液,在 37℃条件下预热 1 min,加入 0.1 mmol·L^{-1} 对-硝基苯-纤维二糖苷(pNPC)溶液 500 μL,在 (37±1)℃恒温条件下水浴 2 h。

(4)然后加入 1 mL 0.6 mol·L^{-1} 碳酸钠溶液中止反应,室温放置 10 min,410 nm 下测定光吸收值 OD,对照以缓冲液代替酶液,其余步骤相同。

(5)酶活力单位定义为:在上述条件下,反应 1 h 由底物产生 1 pmol 对硝基苯酚所需的酶量。酶活计算公式:

$$酶活 = N \times C/(t \times V)$$

式中:酶活单位为 U/mL;t 为反应时间,为 2 h;N 为原酶液稀释倍数,为 10;V 为反应中所取酶液的体积;C 为对应于对硝基苯酚-光密度曲线上的值。

26.4　注意事项

(1)实验用的菌体要适量,太多和太少都不利用 DNA 分离。

(2)若长期保存 DNA 溶液,应该放置−20℃冰箱贮存。

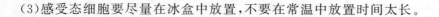

（3）感受态细胞要尽量在冰盒中放置，不要在常温中放置时间太长。

26.5　作业与思考题

（1）简述真核基因在酵母中表达的步骤和注意事项。
（2）为什么纤维素酶基因必须在酵母中表达而不在大肠杆菌中表达？
（3）酵母的遗传转化与大肠杆菌转化的异同点。

实验 27 水稻愈伤组织诱导及转GUS基因鉴定

27.1 实验目的与原理

1. 目的

学习水稻组织培养的流程和关键因素,学习重组载体导入农杆菌的方法和步骤,熟悉水稻转基因的全部流程,掌握 GUS 基因作为标记基因的优点。

2. 原理

农杆菌转化系统是一种天然的基因转化系统。农杆菌分为根瘤农杆菌和发根农杆菌,根瘤农杆菌中含有肿瘤诱导(Ti)质粒,Ti 质粒上含有可转移 DNA(T-DNA)区、毒性区(Vir 区)以及冠瘿碱代谢基因编码区。T-DNA 两端是两个 25 bp 的重复序列,分别称为左边界和右边界。当植物受到伤害时,分泌含有酚类化合物的汁液,这些酚类化合物一方面通过染色体毒性基因(*chvA*、*chvB*)等介导的趋化性促使农杆菌向植物受伤部位移动并附着于植物细胞表面;另一方面则被 Ti 质粒上由 VirA 和 VirG 组成的双组分调节系统识别,从而诱导其他 Vir 的表达。VirD1 和 VirD2 共同作用,由 T-DNA 右边界开始向左边界切割产生一条 T-DNA 单链,并与 Vir 其他表达蛋白结合成复合体转移到农杆菌外,然后进入细胞到达细胞核内并整合到细胞染色体上。

农杆菌介导的水稻遗传转化研究最早始于 1986 年,Babat 等通过 PEG 法将农杆菌原生质球与水稻原生质体融合,获得了部分能够合成胭脂碱的水稻愈伤组织。1992 年,Chan 以成熟胚、离体根为起始材料进行研究,但未能获得转基因再生植株。1993—1994 年,农杆菌介导的水稻遗传转化研究取得了重大突破,Chan

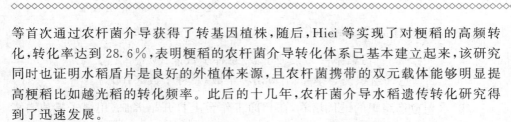

等首次通过农杆菌介导获得了转基因植株,随后,Hiei 等实现了对粳稻的高频转化,转化率达到 28.6%,表明粳稻的农杆菌介导转化体系已基本建立起来,该研究同时也证明水稻盾片是良好的外植体来源,且农杆菌携带的双元载体能够明显提高粳稻比如越光稻的转化频率。此后的十几年,农杆菌介导水稻遗传转化研究得到了迅速发展。

本实验以水稻种子为材料,从愈伤组织诱导、农杆菌的培养、GUS 基因载体的转化、GUS 基因的染色等方面,学习农杆菌导入方法,熟悉水稻转基因的全部流程,掌握 GUS 基因作为标记基因的优点,从而掌握植物转基因的各个环节,为以后功能基因组学研究打下基础。

27.2　实验用品

1. 材料

土壤农杆菌 LBA4404 菌,pCAMBIA1301 质粒。

2. 试剂

YEB 液体培养基(1 L):酵母提取物 1 g,牛肉膏 5 g,蛋白胨 5 g,蔗糖 5 g,$MgSO_4 \cdot 7H_2O$ 0.5 g,pH 7.0,高压灭菌。利福平(Rif)储液:50 mg·mL^{-1},20 mmol·L^{-1} CaCl$_2$,高压灭菌。YN 培养基、YYN 培养基。

3. 器材

超净工作台,恒温摇床,冷冻高速离心机,高压灭菌锅,冰箱,分光光度计,光照培养箱。

27.3　实验方法与步骤

(1)水稻种子消毒,在超净工作台上,取大概 40 粒去壳、胚完整的水稻种子放入 50 mL 无菌三角瓶中,用无菌水洗一遍之后倒掉无菌水,再倒入 75% 酒精之后,摇瓶 30~60 s,用无菌水再洗一遍后倒掉无菌水,倒入 2% NaClO,不时搅拌,30 min。然后用无菌水洗 3 次,每次摇瓶 1 min,倒掉无菌水,将种子放入带无菌滤纸的培养皿中,分开排布,吸干。

(2)水稻种子接种与观察,将吸干的种子接入 YN 培养基,注意使胚朝上。每瓶接 10 粒,每小组 5 瓶。写上日期、接种人,放入培养室 25℃暗培养。1 周后调查

计算污染率,2 周后调查计算愈伤组织诱导率。

$$污染率＝污染种子数/总种子数×100\%$$
$$愈伤组织诱导率＝出愈伤种子数/总种子数×100\%$$

(3)水稻愈伤组织的继代培养,在超净工作台上打开培养皿,用镊子挑取自然分裂的胚性愈伤组织(淡黄色,致密呈球状),置入 YYN 培养基中,在 28℃光照培养箱,继代培养 1 周。如不立即用于转化,需转移至暗处,于 25℃继续培养 1 周。

(4)在侵染前 3 d 挑取含有 GUS 基因的农杆菌接种到 3 mL LB 液体培养基中(25 mg·L^{-1}链霉素和 50 mg·L^{-1}卡那霉素),28℃、200 r·min^{-1}培养至对数晚期(18～24 h)。

(5)利用分光光度计测量菌液 OD$_{600}$值在 0.6 左右即可。

(6)将 1 中获得的菌液按 1∶100 接种到 50 mL 新鲜的 NGN 液体培养基中(25 mg·L^{-1}链霉素和 50 mg·L^{-1}卡那霉素),28℃、200 r·min^{-1}培养至 OD 值为 0.5 左右(大约 5～6 h)。把 50 mL 菌液转入 2 个 50 mL 离心管中,4℃、4 000 g 10 min,弃上清液,加等体积的 NGNM＋AS 培养基重悬菌体。

(7)准备 NGN 溶液:向 50 mL 离心管中加入 40 mL NGN。注意:取 800 µL 溶液滴加在 GN 培养基滤纸上(培养基上铺一层干净滤纸)。

(8)将水稻愈伤组织浸入准备好的农杆菌中,侵染 20 min,期间要缓慢摇动。将浸染后的菌液倒出废液缸,用灭菌过的针管或枪头把残余的菌液吸净,再用滤纸把愈伤组织吸干,置于准备好的 GN 培养基上。22℃黑暗培养 2 d。

(9)将共培养的水稻愈伤组织用无菌水洗涤 6 次,用无菌水＋羧苄(500 mg·L^{-1})洗涤 2 次(洗涤时要不停地摇晃 50 mL 离心管,每洗涤一次用针管把无菌水吸出),用无菌纸吸干后置于工作台吹 30 min。

(10)将水稻愈伤组织置于 N6D2S 固体筛选培养基上,26℃黑暗培养,每 2 周继代一次,筛选 4 周。

(11)经 2 次筛选生长旺盛的抗性水稻愈伤组织转至 XFM 再生培养基上,分化培养 4 周以上,每两周继代一次。

(12)将经过分化培养的水稻分化苗转至 GM 培养基上,于三角瓶中生根壮苗。待水稻幼苗长至 10 cm 左右,打开封口膜,炼苗 2～3 d,将水稻再生苗转至盆钵中。

(13)挑取 5 块抗性愈伤组织或 5 个抗性苗叶片与非转化的对照放入 7 mL 离心管,加入 2 mL GUS 染色液,然后 37℃水浴 8 h 以上。

(14)观察水稻愈伤组织或者叶片的颜色,是否有蓝色的斑点出现。

(15)染色后的愈伤组织或叶片在离心管中 70％酒精脱色 24 h。

(16)体式显微镜下观察水稻转基因和非转基因组织的颜色,拍照并比较其异同。

27.4 注意事项

(1)超净台在使用之前要紫外灭菌半个小时,使用前用酒精喷壶喷洒酒精,再用棉球擦干净台面。

(2)水稻转基因对无菌操作要求非常严格,所有物品包括手进入超净台时都要用 70％酒精擦拭。

(3)如果抗性愈伤组织在分化过程中有细菌污染,可适当加大羧苄青霉素的用量。

27.5 作业与思考题

(1)统计愈伤组织诱导率,污染率等数据,拍摄水稻遗传转化的各个环节的图片并加以比标注。

(2)愈伤组织如何形成的?为什么愈伤组织又可以分化出植株?如何提高水稻愈伤组织的诱导率?

(3)农杆菌为什么可以吸收外源的质粒?质粒上的 GUS 基因上如何进入水稻细胞的?为什么抗性愈伤组织使用潮霉素进行筛选?为什么水稻转化了 GUS 基因以后,在染色液的作用下能够显示蓝色。

实验 **28**　农杆菌介导烟草GFP基因的遗传转化

28.1　实验目的与原理

1. 目的

学习并了解叶盘法转基因烟草的技术流程。

2. 原理

植物细胞全能性是植物细胞的一种重要属性,也是组织培养的重要理论基础。任何一个植物细胞都具有的产生一个完整植株的固有能力称作"细胞的全能性"。因此可选取烟草根、茎、叶等的任何一部分,作为组织培养的外植体。但在选择时应注意所选部位无病虫害、生长旺盛。

农杆菌转化植物细胞涉及一系列复杂的反应,包括农杆菌对植物细胞的附着,植物细胞释放信号分子,诱导 Vir 区域基因的表达,T-DNA(transfer DNA)的转移和在植物核基因上的整合、表达,经过细胞组织培养,获得完整的转基因植株。

不同的植物由于受基因型、发育状态、组织培养难易程度等因素的影响,农杆菌介导的转化相应的采取不同的方法。目前常用的农杆菌介导的转化方法是叶盘法,该方法中转化受体已经扩展到器官、组织、细胞及原生质体等。农杆菌介导法转化外源基因,该法操作简便、转化效率高,基因转移是自然发生的行为,外源基因整合到受体基因的拷贝数少,基因重排程度低,转基因性状在后代遗传的较稳定。

了解和掌握质粒 DNA 转化农杆菌细胞的原理和方法,获得能用于植物转化的工程菌。在低温下,外源 DNA(质粒)可吸附到感受态细胞表面,诱导细胞吸收DNA。(加入热激原理)转化了质粒 DNA 的农杆菌随后 28℃恢复培养,可使质粒上携带的编码抗生素的抗性基因得到表达,因此,转化了质粒的农杆菌细胞可在含有相应抗生素的培养基上生长,而没有转化的细胞则无法生长。烟草是遗传转化的模式植物,已经建立了一套完善的转化再生体系。本实验以烟草为实验材料,使同学们了解根癌农杆菌介导法的基本原理和一般步骤,掌握遗传转化的基本操作技术。

28.2　实验用品

1. 材料

含 pCAMBIA 1302 载体的根癌农杆菌,烟草幼苗。

2. 试剂

MS 培养基;Kan:卡那霉素(50 μg·mL^{-1});Cb:羧苄青霉素(100 mg·mL^{-1});NAA:萘乙酸(1 mg·mL^{-1});6-BA:细胞分裂素(1 mg·mL^{-1});T1 培养基:MS 培养基;T2 培养基:MS 培养基＋6-BA 2.0 mg·L^{-1}＋NAA 0.5 mg·L^{-1}＋Kan 100 mg·L^{-1}＋Cb 500 mg·L^{-1};T3 培养基:MS 培养基＋ Kan 100 mg·L^{-1}＋Cb 500 mg·L^{-1}。其中 T2 为生长培养基,T3 为生根培养基。

3. 器材

光照培养箱,恒温摇床,超净工作台,接种器械等。

28.3　实验方法与步骤

(1)活化含 pCAMBIA 1302 载体的根癌农杆菌,将含有质粒的菌种接种在 LB 固体培养基(含 60 μg·mL^{-1} Amp)中,37℃培养过夜。用无菌牙签挑取单菌落接种到 5 mL LB 液体培养基(含 60 μg·mL^{-1} Amp)中,37℃振荡培养至对数生长后期。

(2)取 1.5 mL 培养液倒入 1.5 mL eppendorf 管中,4℃下 12 000 r·min^{-1} 离心 30 s。

(3)弃上清液,将管倒置吸水纸上,使液体流尽。

(4)加入 100 μL 溶液Ⅰ,剧烈振荡,重新悬浮菌体沉淀,室温下放置 5～10 min。

(5)加入 200 μL 新配制的溶液Ⅱ,温和混匀,置冰浴上 5 min。

（6）加入 150 μL 预冷的溶液Ⅲ，温和混匀，冰浴 5～10 min。

（7）12 000 r·min⁻¹ 离心 10 min。

（8）将上清液倒入干净的 1.5 mL eppendorf 管，加入等体积（约 450 μL）酚/氯仿（1∶1），振荡混匀，12 000 r·min⁻¹ 离心 5 min。

（9）将上层水相移入干净的 1.5 mL 的 eppendorf 管，加入 2.5 倍体积（约 1 mL）预冷无水乙醇，振荡混匀后置－20℃冰箱中 20 min，然后 12 000 r·min⁻¹ 离心 10 min。

（10）彻底弃去上清液，沿壁加 70%乙醇 1 mL 漂洗沉淀（可颠覆 eppendorf 管二次），立即倒去上清液，自然干燥。

（11）将沉淀溶于 40 μL TE 缓冲液（pH 8.0，含 20 μg·mL⁻¹ 的 RNaseA）中，42℃或 37℃保温 30 min，储于－20℃冰箱中。

（12）取 5 μL 样品，于 1.1%琼脂糖凝胶上电泳检查。

（13）将获得质粒通过冻融法导入农杆菌感受态。

（14）从平板上挑取含有 GFP 基因的单菌落，接种到 3 mL YEB 液体培养基中（Str 25 μg·mL⁻¹、Rif 50 μg·mL⁻¹、Kan 80 μg·mL⁻¹）于恒温摇床上 27℃，180 r·min⁻¹ 摇培过夜至 OD₆₀₀ 为 0.6～0.8。

（15）摇培过夜的菌液按 1%～2%的比例，转入新配置的无抗生素的 YEB 培养基中，在与上述相同的条件下培养 6 h 左右，OD₆₀₀ 为 0.2～0.5 时即可用于转化。或将按上述方法培养的 OD₆₀₀ 为 0.6～0.8 的菌液，转入无菌离心管中，于室温条件下，5 000 r·min⁻¹ 离心 10 min，去掉上清液，菌体用 1/2 MS 液体（pH 5.4～5.8）培养基重悬，稀释至 OD₆₀₀ 为 0.2 左右，用于转化。

（16）侵染，于超净工作台上，将菌液倒入无菌的小培养皿中。取不具 Kan 抗性的烟草无菌苗的幼嫩、健壮叶片，去主脉，将叶片剪成 0.5 cm² 的小块，放入菌液中，浸泡适当时间（一般 5～10 min）。取出叶片置于无菌滤纸上吸去附着的菌液。〈注〉：同时设未经农杆菌侵染的叶盘作为阴性对照，以下步骤同。

（17）共培养，将侵染后的烟草叶片接种在不含任何激素和抗生素的 MS 基本培养基（T1）上，用封口膜封好培养皿，28℃黑暗中培养 2～4 d。

（18）选择培养，将黑暗中共培养 2～4 d 的烟草叶片转移到筛选培养基（T2）中，用封口膜封好培养皿，在光照为 2 000～10 000 lx、25～28℃、16/8 hd-1 光暗条件下选择培养。〈注〉：叶盘边缘轻压入培养基中，以增加选择压力。

（19）生根培养，约 2～3 周后，待不定芽长到 1 cm 左右时，切下不定芽并转移到生根培养基（T3）上进行生根培养，5～10 d 后长出不定根。

（20）切取烟草的各个组织在荧光倒置显微镜下观察绿色荧光的部位，拍照记录。

28.4　注意事项

（1）注意荧光显微镜的使用，荧光的开关都需要 0.5 h 以上的间隔。
（2）注意区分 GFP 的荧光和植物本身荧光间的差异。

28.5　作业与思考题

（1）拍照观察烟草多个组织的 GFP 荧光照片，并进行对比，描述 GFP 蛋白荧光在不同组织的分布情况。
（2）如果没有抗生素的筛选，是否可以得到表达 GFP 基因的转基因烟草？

实验 **29** 同工酶遗传标记分析

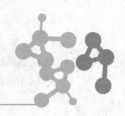

29.1 实验目的与原理

1. 目的

掌握聚丙烯酰胺凝胶电泳技术,学会同工酶遗传标记分析技术。

2. 原理

同工酶是一类由具有不同分子结构和大小但具有相同催化功能的酶,其分子的多种形式是由基因决定的,即基因表达的直接产物。由同一基因座的不同等位基因编码的各种同工酶又称为等位酶,它们从分子水平上反映了等位基因的相对差异。因此,同工酶不仅是一种生理生化指标,而且也是一种可靠的遗传标记。

在同工酶分析和鉴定中,电泳法应用最为广泛,它能简便、快捷地分离某类酶的各同工酶组分,而不破坏酶的活力。电泳的支持介质——聚丙烯酰胺又是目前最常用的,它是由丙烯酰胺单体和交联剂甲叉双丙烯酰胺在催化剂的作用下聚合成含酰胺基侧链的脂肪族长链,相邻的两个链通过甲叉桥交联起来,链纵横交错,形成三维网状结构。丙烯酰胺的单体和双体的聚合有两种类型,一种是化学聚合,常采用过硫酸铵-四甲基乙二胺(TEMED)催化系统。过硫酸铵是引发基团,供给游离氧基,TEMED 是催化加速剂。另一种是光照聚合。常采用核黄素——TEMED 催化系统。核黄素在光下形成无色基,TEMED 放氧再氧化,产生自由基,从而引发聚合作用。制备丙烯酰胺凝胶时其凝胶的孔径由凝胶浓度(100 mL凝胶溶液中含有单体和交联剂总克数)决定。当采用垂直平板不连续聚丙烯酰胺凝胶电泳体系时,一般上层是大孔径的浓缩胶(pH 6.7),下层为小孔径的分离胶(pH 8.9),电泳缓冲液为 Tris-甘氨酸缓冲液(pH 8.3)。在这种不连续系统里,存在着电荷效应,分子筛效应和浓缩效应。蛋白质(酶)按其电荷效应和分子筛效应

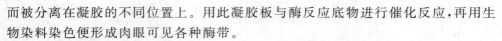

而被分离在凝胶的不同位置上。用此凝胶板与酶反应底物进行催化反应,再用生物染料染色便形成肉眼可见各种酶带。

据研究认为以萘乙酸酯为底物的同工酶属于羧基的酯酶类,为单体或二聚体的蛋白质。酯酶同工酶中也存在等位酶,表现出共显性的遗传特性。因此,酯酶同工酶可以作为孟德尔遗传的一种分子标记。

本实验所用的材料为水稻品种特优 63,其父母本和杂种 F_1 酶带有差异。酶带的差异反映其基因型的差别。父本和母本有两条酶带上的差别,杂种 F_1 是双亲这两条酶带的互补带(图 29-1)。

图 29-1　水稻酯酶同工酶主要酶带

29.2　实验用品

1. 材料

水稻(*Oryza sativa*):两亲本、F_1、F_2 四种植株群体的幼苗。

2. 试剂

丙烯酰胺、甲叉双丙烯酰胺、Tris、甘氨酸、过硫酸铵、核黄素、磷酸二氢钠、磷酸氢二钠、HCl、蔗糖、乙醇、丙酮、维生素 C、半胱氨酸、$MgCl_2$、硫基乙醇、TEMED、溴酚蓝、坚牢蓝 RR、α-萘酯。

3. 器材

电泳仪,电泳槽,离心机,冰箱,移液管。

29.3　实验内容与操作

1. 溶液配制

(1)样品提取液:0.35 mol·L^{-1} 蔗糖、5 mmol·L^{-1} vit c、3 mmol·L^{-1} 半胱氨酸、1 mmol·L^{-1} $MgCl_2$、5 mmol·L^{-1} 硫基乙酸、50 mmol·L^{-1} Tris。

(2)分离胶(A∶B∶C∶D＝1∶2∶1∶4)pH 8.9：

A. 甲液(100 mL)

三羟甲基氨基甲烷(Tris)　　　36.6 g

四甲基乙二胺(TEMED)　　　0.46 mL

1 mol·L^{-1}　HCl　48 mL(84 mL 浓 HCl 定容至 1 000 mL 成 1 mol·L^{-1} HCl)

B. 丙液(100 mL)

丙烯酰胺(Acr)　　28.0 g

甲叉双丙烯酰胺(Bis)　　0.753 g

C. 蒸馏水

D. 0.28%过硫酸铵(现用现配)

(3)浓缩胶(A∶B∶C∶D＝1∶2∶1∶4)：

A. 乙液(100 mL)pH 6.7

三羟甲基氨基甲烷(Tris)　　　5.98 g

四甲基乙二胺(TEMED)　　　0.46 mL

1 mol·L^{-1}　HCl　　48 mL

B. 丁液(100 mL)

丙烯酰胺(Acr)　　10.0 g

甲叉双丙烯酰胺(Bis)　　2.5 g

C. 戊液(100 mL)

核黄素　　4 mg

D. 己液(100 mL)

蔗糖　　40 g

(4)电泳缓冲液母液(pH8.3)1 000 mL：

Tris　　6.0 g

甘氨酸　　28.8 g

用时稀释 10 倍

(5)前沿指示剂：

溴酚蓝　　1%

(6)磷酸缓冲液：

0.2 mol·L^{-1} Na$_2$HPO$_4$

0.2 mol·L^{-1} NaH$_2$PO$_4$

(7)染色液(酯酶)：

磷酸缓冲液(pH6.4)　　90 mL

坚牢蓝 RR　　0.1 g

1‰α-萘酯　　10 mL(以少许丙酮溶解后,用80％酒精配制)

2. 操作步骤

(1)清洗:玻璃板、橡胶密封圈、电泳槽。

(2)装板:将高、矮玻璃板各一片,矮板嵌入橡胶圈内圈,高板装在外圈。

(3)装槽:将装好的玻璃各两组装到电泳槽上,两高玻璃板相对,两矮玻璃板朝外,旋紧螺丝,防止漏胶。

(4)封边:用滚烫的 2％琼脂沿高玻璃板的底边灌注约 0.5～1.0 cm。

(5)配灌分离胶:按溶液 A：B：C：D＝1：2：1：4 比例(胶浓度＝7.2％)配制分离胶,混合均匀,不要有气泡,沿着玻璃板壁缓缓倒入电泳槽上的玻璃板夹层里到一定的高度。

(6)隔氧:在上述分离胶上立即滴一层蒸馏水,隔绝空气,促进聚合。

(7)分离胶化学聚合:分离胶在 28℃左右,约 30～40 min 可聚合,可透过玻璃看到胶与水之间出现界面时,表明凝胶已聚合好。

(8)配灌浓缩胶:分离胶聚合后,吸去上部的水分,按溶液 A：B：C：D＝1：2：1：4 比例(胶浓度＝3.1％),配制浓缩胶,混合均匀,灌入玻璃板夹层到顶部。

(9)制备加样口:将 1 mm 厚的"样品梳子"(50 个板品)插入浓缩胶溶液中。

(10)浓缩胶光照聚合:将灌制好的凝胶板置于自然光照条件下(或 40 W 日光灯下)聚合 1 h 左右。直到界面出现乳白色,说明浓缩胶已聚合好。

(11)制备样品:取 2 cm 左右的水稻幼苗于 0.5 mL 的 eppendorff 管中,加入样品提液 70～80 mL,用捣样器捣烂后,离心后置冰箱备用,每组制备 2 个亲本、F₁ 群体各 5 株样品,F₂ 样品 85 株。(制备的每个样品插于塑料泡沫内)。

(12)加样:将浓缩胶上端的"样品梳"小心取出(若样品孔中有多余水分,用注射针吸干),每一样品孔,按顺序用移液枪加入 15 μL 的上述制备的样品。

(13)稳压稳流电泳:在电泳槽的内层(正极)和外槽(负极)应加入 Tris-甘氨酸电泳缓冲液(母液稀释 10 倍),负极方向的电泳缓冲液量应超过其玻璃板(矮板),电泳槽的正负极与电泳仪的正负极要对应连接。插上电源,调整电压到 220 V,并使之处于稳流状态。在电泳槽的负极处滴两滴 1％溴酚蓝,作为电泳的前沿指示剂。待前沿指示剂离凝胶板底部 1 cm 时,停止电泳,即调整电压到 0 点,关掉电源开关,取下电泳槽的电极连线。

(14)卸凝胶板:倒去电泳槽中的电泳缓冲液,旋松螺丝,卸下两组玻璃凝胶板,

去掉橡胶密封。

(15)剥离分离板:轻轻撬开每组玻璃凝胶板的高低两片玻璃,去除凝胶板中的上部浓缩胶和底部的封边琼脂。小心剥离分离胶于染色缸中,或将带分离胶玻璃板浸泡于清水中,利用水的浮力剥离分离胶。然后再将凝胶小心滑入染色缸中。

(16)染色:将 0.2 mol·L^{-1} 磷酸缓冲液(pH 6.4)90 mL 和 1‰α-萘酯 10 mL 倒入染色缸中。37℃轻轻振荡,让分离胶与底物充分接触起酶促反应,10 min 后加入生物染色剂坚牢蓝 RR 100 mg,继续振荡,直到酶带清晰为止(染色不要过长)。

(17)观察纪录:染色好的凝胶倒去染色液,用清水洗 3～4 遍,置于透光箱上观察酯酶同工酶的酶带及其变化情况。

29.4 注意事项

(1)进行点样时,针头要贴近槽底慢慢注入,以防样品扩散。
(2)制备好的粗酶液,要注意低温保存。

29.5 实验报告

(1)绘出各种样品中酯酶同工酶谱,并说明酶谱差异。
(2)分析 F_2 酯酶同工酶标记的遗传分布及其规律。

实验 **30** 植物细胞微核检测技术

30.1 实验目的与原理

1. 目的

了解细胞微核形成的机理及其形态特点,学习蚕豆根尖细胞的微核检测技术。

2. 原理

微核(micronucleus,MCN)是真核生物细胞中的一种异常结构,一般认为它是由有丝分裂后期丧失着丝粒的染色体断片产生的,这些断片或染色体在分裂过程中行动滞后,在分裂末期不能进入主核,当细胞进入下一次分裂间期时,它们便浓缩成主核之外的小核(大小为主核直径 1/3 以下),即微核。微核的折光率及细胞化学反应性质和主核一致,也具有合成 DNA 的能力。虽然在正常的细胞中也可观察到微核,但各种理化因子,如辐射、化学药剂往往会使一些细胞产生更多的微核。已经证实,微核率的高低与作用因子的剂量或辐射累积效应呈正相关。因此,微核检测可用于辐射损伤、辐射防护、化学诱变剂、新药试验、食品添加剂等的安全评价,以及染色体遗传病诊断等方面。

20 世纪 70 年代,啮齿类动物骨髓细胞微核首先被用来测定怀疑有诱变活力的化合物,建立了微核测定方法。此后,微核测定逐渐从动物、人类扩展到植物领域。其中用一种原产于美洲的鸭跖草科植物紫露草(*Tradescantia paludosa*)建立的四分孢子期微核测定系统是较好的系统之一。20 世纪 80 年代以来,人们又建立了更为简便易行的蚕豆根尖细胞微核检测技术。

30.2　实验用品

1. 材料

蚕豆（*Vicia faba* L. $2n=12$）。

2. 试剂

盐酸,甲醇,冰醋酸,石炭酸品红,CrO_3,NaN_3（叠氮化钠）,EMS（甲基磺酸乙酯）。

3. 器材

显微镜,恒温培养箱,恒温水浴锅,手动计数器,镊子,载玻片及盖玻片。

30.3　实验内容与操作

1. 浸种催芽

将实验用蚕豆放入盛有自来水的烧杯中,浸泡 24 h,此间至少换水两次。种子吸胀后,25℃催芽,经 36～48 h,大部分初生根长至 1～2 cm。

2. 用被检测溶液处理蚕豆根尖

每一处理选取 6～8 粒初生根生长良好的已萌发种子,放入盛有被测的培养皿中,被测液浸没根尖即可。阳性检测因子可采用 CrO_3、NaN_3、EMS,为加强阳性效果可适当加大浓度,如 1.0～2.5 $mol \cdot L^{-1}$ CrO_3、0.5～1.5 $mol \cdot L^{-1}$ NaN_3 和 150～200 $mmol \cdot L^{-1}$ EMS 溶液。另外可取一种其他污水作被检液之一,用自来水（或蒸馏水）处理作对照。处理根尖 12～24 h,此时间也可视实验要求和被检液浓度而定。

3. 根尖细胞恢复培养

处理后的种子用自来水（或蒸馏水）浸洗 3 次,每次 2～3 min。洗净后再置入铺有湿润滤纸的瓷盘中,25℃下恢复培养 22～24 h。

4. 根尖细胞固定

将恢复培养后的种子,从根尖顶端切下长 1 cm 左右的幼根,用甲醇-冰醋酸（3∶1）固定液固定 24 h。固定后的根尖如不及时制片,可换入 70% 的乙醇溶液中,置 4℃冰箱中保存备用。

5. 酸解

用蒸馏水浸洗固定好的幼根两次,每次 5 min,吸净蒸馏水,加入 6 mol·L^{-1} 盐酸将幼根浸没,室温下酸解 10 min,幼根软化即可。

6. 染色

吸去盐酸,用蒸馏水浸没幼根 3 次,每次 1～2 min。最后浸于水中,制片前取出置载玻片上,截下 1～2 mm 长的根尖,滴一滴石炭酸品红,染色 5～8 min,加一盖玻片,压片观察。

30.4　作业与思考题

(1)首先在显微镜低倍镜下找到分生组织区细胞分散均匀,分裂相较多的部位,再转高倍镜观察。微核大小在主核 1/3 以下,并与主核分离,着色与主核一致或稍深,呈圆形或椭圆形。每一处理观察 3 个根尖,每个根尖计数 1 000 个细胞,统计其中含微核的细胞数,计算平均数,即为该处理的 MCN‰,即微核千分率,以此可作一个检测指标。

(2)根据你的实验安排列表填出实验结果。

(3)若进行污水检测,根据污染指数鉴定出你所测水样的污染程度,也可以计算被检化学药剂的污染指数。

污染指数在　0.50～1.50 区间基本没有污染;

1.51～2.00 区间为轻度污染;

2.01～3.50 区间为中度污染;

3.51 以上为重度污染。

(4)在蚕豆根尖细胞微核检测中,为什么要进行恢复培养?

(5)产生微核的根尖细胞在产生前的分裂中期可能出现什么样的中期分裂图像?

常用固定液

许多遗传学实验材料都需对观察的机体组织先行固定,然后再作进一步的处理和研究(应用冰冻切片法,材料可不需固定)。固定的目的是尽量保持组织、细胞、内部结构及其成分的原来状态,并能较长时间保存备用;固定后,材料硬化,便于切削;固定是使细胞内含物发生必要的物理及化学变化,有利于进一步的染色处理,获得良好的制片效果。据此,固定剂应具备下述三点基本要求:①能够迅速渗入组织内杀死细胞,并兼有保存作用。②对于细胞内含物,特别是要研究部分要尽可能少产生变化,对于细胞和组织不发生或尽可能少发生膨胀和收缩作用,使其保持与生活时期相似的面貌。③能够获得良好的染色效果。

常用的固定剂有乙醇、冰醋酸、福尔马林(甲醛)、苦味酸、氯仿、铬酸、升汞、重铬酸等。这几种药剂能作为固定剂单独使用,但事实上每种药都不能同时具备上面所提到的要求,故应用时都采用混合固定液。下面是几种常用的混合固定液。

1.1　卡诺氏固定液(Carnoy's fixative)

卡诺氏固定液有两种不同的配方,可根据不同材料分别应用。

(1)配方一:冰醋酸1份,95%乙醇3份。

(2)配方二:冰醋酸1份,氯仿3份。

这两种固定液渗透,杀死细胞迅速,固定作用很快,植物根尖固定只需15 min,花粉囊约1 h,若固定时间太长(超过48 h)则会破坏细胞质,冰醋酸固定染色质,并可防止由于乙醇而引起的高度收缩和硬化。配方一适于植物,配方二适于动物。材料从固定液中取出后用95%乙醇洗涤,直至去尽醋酸味(换液两次即可)然后保存于70%乙醇内。

1.2　万能固定液(FAA fixative)

万能固定液主要是由甲醛-醋酸-乙醇混合配成。这类混合剂通常称为"FAA"、"标准固定液"或"万能固定液",是制片中良好的固定剂兼保存剂,但不能作染色体研究用,其混合比例变更很广泛,现仅列举两种。

(1)固定一般植物组织和器官的常用配方:50%(或70%)乙醇 90 mL,冰醋酸 5 mL,甲醛 5 mL。

(2)固定植物胚胎材料的常用配方:50%乙醇 89 mL,冰醋酸 6 mL,甲醛 5 mL。

1.3　铬酸-醋酸固定液
(Chromo acetic fixative)

铬酸-醋酸固定液根据溶液质量的差别,可分为弱、中、强三种,此三种固定液对不同的材料有不同的作用。应用铬酸-醋酸固定液,一般需固定处理 12~24 h 或更长时间,再流水冲洗需 24 h,彻底去掉铬酸,以免影响以后的染色处理。

(1)铬酸-醋酸固定液的弱液配方:10%铬酸水溶液 2.5 mL,10%醋酸水溶液 5.0 mL,蒸馏水加至 100 mL。此液适合于固定藻类、菌类、苔藓等。

(2)铬酸-醋酸固定液的中液配方:10%铬酸水溶液 7 mL,10%醋酸水溶液 10 mL,蒸馏水加至 100 mL。此液适于固定植物根尖、小子房或分离出来的胚株。

(3)铬酸-醋酸固定液的强液配方:10%铬酸水溶液 10 mL,10%醋酸水溶液 30 mL,蒸馏水加至 100 mL。此液适于固定木材、坚硬的叶片及成熟的子房等。

1.4　布安氏固定液(Bouin's fixative)

(1)配方:苦味酸(饱和)15 份,甲醛 5 份,冰醋酸 1 份。

(2)配制方法:此液需在使用前临时配制,随配随用,否则失效。苦味酸为黄色结晶体。溶解度很低,故其饱和液可预先一次配好,保存备用(约 500 mL 蒸馏水

中加入苦味酸结晶 10～15 g,振荡使其溶解）。要立即固定材料时,再按配方将三种药液按比例混合,配制成固定液。

此液适合于固定动物组织及植物的胚囊和根尖,固定时间 24 h,取出放于清水中洗涤,除去表面的苦味酸,然后以 35％～70％酒精洗涤,最好在其中加入少许碳酸锂(Li_2CO_3)以除去材料内部的黄色。

常用染色液

染色是使研究的组织或细胞结构明显、清晰可见,以便观察和研究。生物学上常用的染料,按其来源可分为两大类,即天然染料与人工染料。前者种类少,为天然产物,如洋红、苏木精、地衣红等;而后者的种类多,为人工合成,多数由煤焦油中提取,故又称煤焦油染料,如:结晶紫、吉姆萨、碱性品红、酸性品红、甲基绿、焦宁等。下面介绍几种在细胞学制片中常用的染色液。

2.1　醋酸洋红(Acetic-carmine)

(1)配方:冰醋酸 45 mL,蒸馏水 55 mL,洋红。

(2)配制方法:先将冰醋酸及蒸馏水混合煮沸,逐渐加入洋红至饱和为止,冷却过滤即成。

此染色剂对于植物花粉母细胞,根尖细胞核的染色体,果蝇唾腺和神经球细胞等染色体染色效果良好,故被广泛应用于涂抹制片法研究植物细胞核与染色体。

2.2　铁矾-醋酸-洋红(Iron-acetic-carmine)

(1)配方:洋红 1 g,45％醋酸 100 mL,4％铁矾液数滴。

(2)配制方法:将 1 g 洋红溶解在煮沸的 45％的醋酸液中,冷却后过滤,再加数滴 4％铁矾液,颜色变为葡萄酒色即成。此液对临时涂抹制片的染色,效果十分理想。

2.3　丙酸-铁-洋红-水合三氯乙醛（PICCH）

（1）配方：45％丙酸 100 mL，洋红 0.5 g，水合三氯乙醛 40 g，Fe(OH)₃ 液数滴。

（2）配制方法：100 mL 45％丙酸煮沸，加入 0.5 g 洋红，并继续回流 6 h，冷却后过滤，然后在 5 mL 上述染液中加入 2 g 水合三氯乙醛，充分溶解，摇匀，再加入数滴 Fe(OH)₃ 的丙酸饱和液（以不发生沉淀为准）。

这一配方对某些用一般染料效果差的材料，着色性强，而且加入水合三氯乙醛，使细胞较为透明。

2.4　醋酸地衣红（Acetic-orcein）

（1）配方：冰醋酸 45 mL，蒸馏水 55 mL，地衣红 2 g。

（2）配制方法：同醋酸洋红，使用时根据具体要求稀释再用。

2.5　醋酸龙胆紫（Acetic-centian violet）

（1）配方：10％～45％醋酸 100 mL，龙胆紫 0.75 g。

（2）配制方法：加热使其溶解，待冷却后过滤备用，其中龙胆紫亦可用结晶紫（Crystal violct）代替。醋酸浓度视不同材料而异，使用者应按具体材料进行摸索，找出最适浓度。

2.6　希夫氏（Schiff's）试剂

（1）配方：碱性品红 0.5 g，1 mol·L⁻¹ HCl 10 mL，偏重亚硫酸钠（钾）0.5 g，活性炭若干，蒸馏水 100 mL。

（2）配制方法：把 0.5 g 碱性品红溶于 100 mL 煮沸蒸馏水中，继续煮沸随时搅拌 5 min，冷却至 50℃过滤（棕色瓶中），滤液中加入 1 mol·L⁻¹ HCl 10 mL，冷却至 25℃,再加 0.5 g 偏重亚硫酸钠($Na_2S_2O_5$)或偏亚硫酸钾($K_2S_2O_5$),塞紧瓶塞振荡数分钟,置黑暗处 24 h,溶液应呈无色或淡黄色,即可使用。如有不同程度的红色未褪,可加入 0.5～1 g 活性炭,激烈震荡 1 min,仍在低温下静止 1 h 或过夜。然后用粗滤纸迅速过滤后使用。密封瓶口,包以黑纸,在 4℃以下冰箱内可以保存5～6 个月。

2.7　苏木精(Haematoxylin)

(1)配方:苏木精 0.5 g,95％乙醇 10 mL,蒸馏水 90 mL。

(2)配制方法:先将苏木精于 95％酒精中溶解,再加入蒸馏水,置于棕色瓶中,瓶口蒙数层纱布拧紧,置于有光处,经 1 个月以上氧化,溶液变为深琥珀色,才可应用,同时需过滤。若加入 0.1 g 碘酸钠可立即成熟供用。

2.8　代氏苏木精(Delarfield's haematoxylin)

(1)配方:甲液:苏木精 1 g＋无水乙醇 6 mL

乙液:硫酸铝铵(铵矾)10 g＋蒸馏水 100 mL

丙液:甘油 25 mL＋甲醇 25 mL

(2)配制方法:分别配制甲、乙两液,将甲液逐滴加入乙液中,充分搅拌后,放入广口瓶中用纱布蒙住瓶口,置于温暖和光线充足处 7～10 d,再加入丙液,混匀后静置 1～2 个月,至颜色变为深紫色后,过滤备用,可长期保存。

2.9　爱氏苏木精(Ehrlich's haematoxylin)

(1)配方:苏木精 1 g,无水或 95％乙醇 50 mL,蒸馏水 50 mL,甘油 50 mL,冰醋酸 5 mL,硫酸铝钾(钾矾)3～5 g。

(2)配制方法:配制时,先将苏木精溶于酒精中,然后依次加入蒸馏水、甘油和冰醋酸,最后加入研细的钾矾,边加边搅拌,直到瓶底出现钾矾结晶为止。混合后溶液颜色呈淡红色,放入广口瓶中,用纱布封口,自然氧化 1～2 个月,至颜色变为深红色时即可过滤备用,可长期保存。

2.10　丙酸-铁矾-苏木精
（Propionic acid-Iron-Haematoxylin）

（1）贮存液:甲液:苏木精 2 g(根尖染色)溶于 100 mL 50％的丙酸或乙酸;

乙液:铁矾 0.5 g 溶于 100 mL 50％的丙酸或乙酸。

（2）染色液:贮存液甲液和贮存液乙液等量混合,并在每 5 mL 上述混合液中加入 2 g 水合三氯乙醛,充分溶解,摇匀。

贮存液能较长时间保存,染色液一般只能保存一个月,而在 2 周内使用效果最佳,较适合于花药的压片。

2.11　Unna 试剂:甲基绿-焦宁染色液
（Methyi-Green-Pyroin）

1. 配方一

（1）配方:甲液:石炭酸 0.25 g,蒸馏水 100 mL,甲基绿 1 g。

乙液:石炭酸 0.25 g,蒸馏水 100 mL,焦宁 1 g。

（2）配制方法:使用前将 1 份甲液和 1 份乙液混合即成。此液能对 DNA 和 RNA 区分染色。

2. 配方二

（1）配方:甲基绿 0.5 g,焦宁 0.25 g,甘油 20 mL,0.5％石炭酸 100 mL。

（2）配制方法:先将甲基绿、焦宁溶于 2.5 mL 95％乙醇中,然后加 20 mL 甘油和 100 mL 0.5％石炭酸混合即成。

2.12　石炭酸-品红（Carbol fuchsin）

（1）配方:甲液:碱性品红 3 g,70％乙醇 100 mL。

乙液:甲液 10 mL,5％石炭酸水溶液 90 mL。

丙液:乙液 45 mL,冰醋酸 6 mL,37％甲醛 6 mL。

染色液:丙液 10 mL,45％醋酸 90 mL,山梨醇 1.0 g。

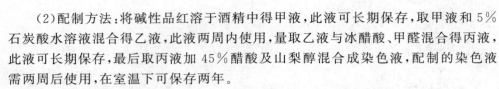

（2）配制方法：将碱性品红溶于酒精中得甲液，此液可长期保存，取甲液和5％石炭酸水溶液混合得乙液，此液两周内使用，量取乙液与冰醋酸、甲醛混合得丙液，此液可长期保存，最后取丙液加45％醋酸及山梨醇混合成染色液，配制的染色液需两周后使用，在室温下可保存两年。

此种染色液对植物根尖细胞、花粉母细胞中细胞核、染色体染色效果较好。

2.13　吉姆莎(Giemsa)母液

（1）配方：Giemsa 粉 0.5 g，甘油（A. R）33 mL，甲醇（A. R）33 mL。

（2）配制方法：先将少量甘油加入研钵中，将 Giemsa 粉充分研细，再倒入剩余甘油，并在 56℃温箱中保温 2 h，然后再加入甲醇，混匀后，贮存于棕色瓶内，使用时可用 0.067 mol·L^{-1} 磷酸缓冲液按一定比例稀释。

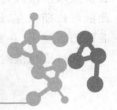

附录 3

其他常用溶液

3.1 漂洗液(孚尔根反应用)

10%偏重亚硫酸钠 5 mL,1 mol·L⁻¹ HCl 5 mL,蒸馏水 90 mL。

3.2 解离液(分散细胞用)

(1)1 mol·L⁻¹ 盐酸:取浓 HCl 8 2.5 mL 加蒸馏水至 1 000 mL,摇匀。
(2)95%酒精 1 份加盐酸 1 份。
(3)45%醋酸 100 mL,1 mol/L HCl 10 mL,1%硫酸 1 mL。
(4)浓盐酸。

3.3 稀洗液(适用于玻璃器皿洗涤)

重铬酸钾(粗制)100 g,浓硫酸(工业用)100 mL,蒸馏水至 1 000 mL。

3.4 4%铁矾液

铁矾(磨碎)4 g,蒸馏水至 100 mL。

3.5　脱盖玻片液

冰乙酸 1 份,无水乙醇 1 份,甲醛数滴。

3.6　0.002 mol·L^{-1} 8-羟基喹啉

0.29 g 8-羟基喹啉,溶于 100 mL 蒸馏水中。

3.7　0.075 mol·L^{-1} KCl

5.68 g KCl,溶于 1 000 mL 蒸馏水中。

3.8　2.5%纤维素果胶酶

纤维素酶和果胶酶各 1 g,混合后加入 40 mL 蒸馏水,待溶解后过滤,并用
1 mol·L^{-1} HCl 和 1 mol·L^{-1} NaOH 调整 pH 至 5～5.5,倒入棕色瓶,冰箱
保存。

3.9　1%I-KI 溶液

碘化钾(KI)2 g,碘(I_2)1 g,加水至 300 mL。

3.10　1%秋水仙素

秋水仙素 1 g 用少许 95%乙醇溶解,加蒸馏水 100 mL,装入茶色瓶中,为贮备
液,4℃冰箱中保存。

3.11　苯硫脲(PTC)溶液及其不同浓度稀释液

苯硫脲(PTC)结晶 1.3 g,加蒸馏水 1 000 mL,置室温下 1～2 d 即可完全溶解。其间应不断摇晃以加快溶解过程。由此配制的溶液浓度为 1/750 mol·L^{-1},称为原液,也就是 1 号液。2～14 号溶液均由上一号液按倍比稀释而制成,具体配制方法见附表 1。

附表 1　PTC 溶液的配制方法、浓度和基因型

编号	配制方法	浓度/(mol·L^{-1})	基因型
1 号	1.3 g PTC＋蒸馏水 1 000 mL	1/750	*tt*
2 号	1 号液＋蒸馏水 100 mL	1/1 500	*tt*
3 号	2 号液＋蒸馏水 100 mL	1/3 000	*tt*
4 号	3 号液＋蒸馏水 100 mL	1/6 000	*tt*
5 号	4 号液＋蒸馏水 100 mL	1/12 000	*tt*
6 号	5 号液＋蒸馏水 100 mL	1/24 000	*tt*
7 号	6 号液＋蒸馏水 100 mL	1/48 000	*Tt*
8 号	7 号液＋蒸馏水 100 mL	1/96 000	*Tt*
9 号	8 号液＋蒸馏水 100 mL	1/190 000	*Tt*
10 号	9 号液＋蒸馏水 100 mL	1/380 000	*Tt*
11 号	10 号液＋蒸馏水 100 mL	1/750 000	*TT*
12 号	11 号液＋蒸馏水 100 mL	1/1 500 000	*TT*
13 号	12 号液＋蒸馏水 100 mL	1/3 000 000	*TT*
14 号	13 号液＋蒸馏水 100 mL	1/6 000 000	*TT*
15 号	蒸馏水		

附录 **4**

常用培养基配制

4.1　植物组织培养基本培养基
（用于花药培养诱导植物单倍体）

最常用的植物组织培养基本培养基有 MS、Miller、N6 和 B5 等（其成分列于附表 2 中），按表中的分组先配制成一定浓度的母液，再用母液来配制培养基。

1. 培养基母液配制

(1)大量元素母液按培养基 10 倍用量称取各种大量元素，依次溶解于 800 mL 加热蒸馏水（60～80℃）中。应在一种成分完全溶解后再加入下一种成分，尽量将 Ca^{2+}、SO_4^{2-}、PO_4^{3-} 错开，以免产生沉淀。最后定容至 1 000 mL，得到 10× 浓度的大量元素母液，存贮于冰箱备用。

(2)微量元素母液硼、锰、铜、锌、钴等微量元素，用量极少，可按配方 1 000 倍的量配成母液，存贮冰箱备用。

(3)铁盐母液用量很少，按配方 100 倍的量配成母液，转移至棕色试剂瓶，存贮冰箱备用，存贮时间不宜太长。

(4)有机成分（除蔗糖外）的母液用量极少，按配方 100 倍的量配成母液，存贮冰箱备用。

(5)植物激素母液通常分别配成 $0.2～1\ mg\cdot L^{-1}$ 的母液，于冰箱保存。有些药品不易溶解于水，如：2,4-D、萘乙酸，可先溶解于少量的 95% 乙醇中，6-苄基氨基嘌呤先溶解于少量 $1\ mol\cdot L^{-1}$ HCl，再加水配成一定浓度的母液；吲哚乙酸可加热溶解。

2. 培养基配制

配制培养基时取出各种母液，加入蒸馏水和蔗糖（花药培养蔗糖浓度较一般组

织培养要高些,常用 60 g/L),定容至 1 000 mL,加入琼脂后加热溶化。再用 1 mol·L^{-1} HCl 或 1 mol·L^{-1} NaOH 调节 pH,最后分装、灭菌。

4.2 大肠杆菌培养基(用于大肠杆菌诱变处理与营养缺陷型筛选)

1. 基本培养基(固体)

称取 2 g 葡萄糖、2 g 琼脂、加 100 mL 蒸馏水,调 pH 至 7.0,在 8 lb·in^{-2} 下灭菌 30 min。

2. 基本培养基(液体)

称取 2 g 葡萄糖,加 100 mL 蒸馏水,调 pH 至 7.0,在 8 lb·in^{-2} 下灭菌 30 min。

3. 无氮基本培养基(液体)

称取 0.7 g K$_2$HPO$_4$、0.3 g KH$_2$PO$_4$、0.5 g 柠檬酸钠·3H$_2$O、0.01 g MgSO$_4$·7H$_2$O、2 g 葡萄糖,加 100 mL 蒸馏水,调 pH 至 7.0,在 8 lb·in^{-2} 下灭菌 30 min。

4. 2 氮基本培养基(液体)

称取 0.7 g K$_2$HPO$_4$、0.3 g KH$_2$PO$_4$、0.5 g 柠檬酸钠·3H$_2$O、0.01 g MgSO$_4$·7H$_2$O、0.2 g(NH$_4$)$_2$SO$_4$、2 g 葡萄糖,加 100 mL 蒸馏水,调 pH 至 7.0,在 8 lb·in^{-2} 下灭菌 30 min(高渗青霉素法所用 2N 基本培养液需再加 20% 蔗糖和 0.2% MgSO$_4$·7H$_2$O)。

5. 肉汤培养基(液体)

称取 0.5 g 牛肉膏、1 g 蛋白胨、0.5 g NaCl,加 100 mL 蒸馏水,调 pH 至 7.2,在 15 lb·in^{-2} 下灭菌 15 min。

6. ZE 肉汤培养基(液体)

称取 0.5 g 牛肉膏、1 g 蛋白胨、0.5 g NaCl,加 50 mL 蒸馏水,调 pH 至 7.2,在 15 lb·in^{-2} 下灭菌 15 min。

7. 肉汤培养基(液体)

称取 0.5 g 牛肉膏、1 g 蛋白胨、0.5 gNaCl,加 100 mL 蒸馏水,调 pH 至 7.2,在 15 lb·in^{-2} 下灭菌 15 min。

8. ZE 肉汤培养基(液体)

称取 0.5 g 牛肉膏、1 g 蛋白胨、0.5 g NaCl,加 50 mL 蒸馏水,调 pH 至 7.2,

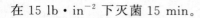

在 15 lb·in^{-2} 下灭菌 15 min。

附表 2　常用植物基本培养成分　　mg·L^{-1}

成分	用量			
	MS	Miller	N6	B5
大量元素				
$(NH_4)_2SO_4$	—	—	463	134
KNO_3	1 900	1 000	2 830	2 500
NH_4NO_3	1 650	1 000	—	—
$MgSO_4 \cdot 7H_2O$	370	35	185	250
KH_2PO_4	170	400	400	—
KCl	—	65	—	—
$Ca(NO_3)_2 \cdot 4H_2O$	—	347	—	—
$CaCl_2 \cdot 2H_2O$	440	—	166	150
$NaH_2PO_4 \cdot H_2O$	—	—	—	150
微量元素				
$MnSO_4 \cdot 4H_2O$	15.6	4.4	3.3	10.0
$ZnSO_4 \cdot 7H_2O$	8.6	1.5	1.5	2.0
H_3BO_3	6.2	1.6	1.6	3.0
KI	0.83	0.8	0.8	0.75
$Na_2MoO_4 \cdot 2H_2O$	0.25	—	—	0.25
$CuSO_4 \cdot 5H_2O$	0.025	—	—	0.025
$CoCl_2 \cdot 6H_2O$	0.025	—	—	0.025
铁盐				
$FeSO_4 \cdot 7H_2O$	27.8	—	27.8	27.8
Na_2-EDTA	37.3	—	37.3	37.3
Na-Fe-EDTA	—	32*	—	—
有机物质				
甘氨酸	2.0	2.0	—	—

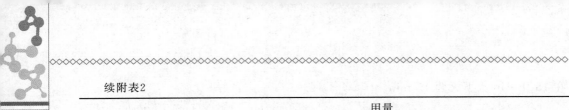

续附表2

成分	用量			
	MS	Miller	N6	B5
盐酸硫胺素	0.5	0.1	1.0	10.0
盐酸吡哆醇	0.5	0.1	0.5	1.0
烟酸	0.05	0.5	0.5	1.0
肌醇	100	—	—	100
蔗糖/g	30	30	50	50
pH	5.8	6.0	5.8	5.8

＊:无此试剂时,也可用 MS 铁盐相同成分。

参 考 文 献

[1]郭善利,刘林德.遗传学实验教程.2版.北京:科学出版社,2010.

[2]李雅轩,赵昕.遗传学综合实验.2版.北京:科学出版社,2010.

[3]卢龙斗,常重杰.遗传学实验技术.修订版.北京:科学出版社,2007.

[4]张贵友.普通遗传学实验指导.北京:清华大学出版社,2003.

[5]李凤霞.遗传学实验指导.长春:吉林人民出版社,2006.

[6]安利国,邢维贤.细胞生物学实验教程.2版.北京:科学出版社,2010.

[7]张文霞,戴灼华.遗传学实验指导.北京:高等教育出版社,2007.

[8]杨大翔.遗传学实验指导.2版.北京:科学出版社,2005.

[9]祝水金.遗传学实验指导.2版.北京:中国农业出版社,2005.

[10]王竹林.遗传学实验指导.西安:西北农林科技大学出版社,2011.

[11]金龙金,李红智,刘永章,等.细胞生物学与遗传学实验指导.杭州:浙江大学出版社,2005.